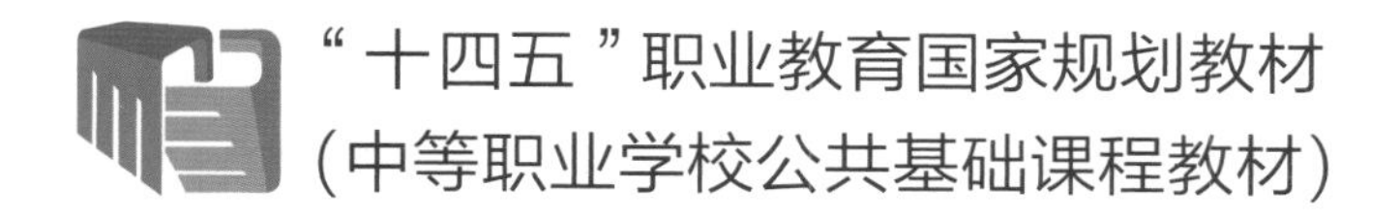

信息技术

（拓展模块）

——数字媒体与应用

总主编：罗光春　胡钦太

主　编：钟　勤　廖大凯　赖文昭

副主编：姜丽萍　古燕莹　喻　铁

参　编：先义华　刘春青　赖启军

向佳玲　袁　静　赵爱芹

孟庆莉　龙根炳　黎江龙

北京理工大学出版社

BEIJING INSTITUTE OF TECHNOLOGY PRESS

内 容 简 介

本教材依据《中等职业学校信息技术课程标准（2020年版）》研发，作为信息技术基础模块的拓展与加深。本书主要内容包含数字媒体创意、三维数字模型绘制、个人网店开设3个专题，教材内容选取包含信息技术最新研究成果及发展趋势的内容，开阔学生眼界，激发学生好奇心；选择生产、生活中具有典型性的应用案例，以及与应用场景相关联的业务知识内容，帮助学生更全面地了解信息技术应用的真实情境，引导学生在实践体验过程中，积累知识技能、提升综合应用能力；内容体现信息技术课程与其他公共基础课程、专业课程的关联，引导学生将信息技术课程与其他课程所学的知识技能融合运用。

本书适合中等职业学校学生作为公共基础课教材使用。

图书在版编目（CIP）数据

信息技术：拓展模块．数字媒体与应用/钟勤，廖大凯，赖文昭主编．--北京：北京理工大学出版社，2022.8

ISBN 978-7-5763-1267-6

Ⅰ.①信… Ⅱ.①钟… ②廖… ③赖… Ⅲ.①电子计算机-中等专业学校-教材 Ⅳ.①TP3

中国版本图书馆CIP数据核字（2022）第072205号

出版发行 / 北京理工大学出版社有限责任公司
社　　址 / 北京市海淀区中关村南大街5号
邮　　编 / 100081
电　　话 /（010）68914775（总编室）
（010）82562903（教材售后服务热线）
（010）68944723（其他图书服务热线）
网　　址 / http://www.bitpress.com.cn
经　　销 / 全国各地新华书店
印　　刷 / 定州启航印刷有限公司
开　　本 / 889毫米×1194毫米　1/16
印　　张 / 11.5
字　　数 / 220千字
版　　次 / 2022年8月第1版　2022年8月第1次印刷
定　　价 / 26.50元

责任编辑 / 张荣君
文案编辑 / 张荣君
责任校对 / 周瑞红
责任印制 / 边心超

“十四五”职业教育国家规划教材
（中等职业学校公共基础课程教材）
出版说明

为贯彻新修订的《中华人民共和国职业教育法》，落实《全国大中小学教材建设规划（2019—2022年）》《职业院校教材管理办法》《中等职业学校公共基础课程方案》等要求，加强中等职业学校公共基础课程教材建设，在国家教材委员会统筹领导下，教育部职业教育与成人教育司统一规划，指导教育部职业教育发展中心具体组织实施，遴选建设了数学、英语、信息技术、体育与健康、艺术、物理、化学等七科公共基础课程教材，并于2022年组织按有关新要求对教材进行了审核，提供给全国中等职业学校选用。

新教材根据教育部发布的中等职业学校公共基础课程标准和有关新要求编写，全面落实立德树人根本任务，突显职业教育类型特征，遵循技术技能人才成长规律和学生身心发展规律，围绕核心素养培育，在教材结构、教材内容、教学方法、呈现形式、配套资源等方面进行了有益探索，旨在打牢中等职业学校学生科学文化基础，提升学生综合素质和终身学习能力，提高技术技能人才培养质量。

各地要指导区域内中等职业学校开齐开足开好公共基础课程，认真贯彻实施《职业院校教材管理办法》，确保选用本次审核通过的国家规划新教材。如使用过程中发现问题请及时反馈给出版单位和我司，以便不断完善和提高教材质量。

教育部职业教育与成人教育司

2022年8月

前　言

习近平总书记指出，没有信息化就没有现代化。信息化为中华民族带来了千载难逢的机遇，必须敏锐抓住信息化发展的历史机遇。提升国民信息素养，对于加快建设制造强国、网络强国、数字中国，以信息化驱动现代化，增强个体在信息社会的适应力与创造力，提升全社会的信息化发展水平，推动个人、社会和国家发展具有重大的意义。

为更好地实施中等职业学校信息技术公共基础课程教学，教育部组织制定了《中等职业学校信息技术课程标准（2020年版）》（以下简称《课标》）。《课标》对中职学校信息技术课程的任务、目标、结构和内容等提出了要求，其中明确指出，信息技术课程是各专业学生必修的公共基础课程。学生通过对信息技术基础知识与技能的学习，有助于增强信息意识、发展计算思维、提高数字化学习与创新能力、树立正确的信息社会价值观和责任感，培养符合时代要求的信息素养与适应职业发展需要的信息能力。

本套教材作为信息技术基础模块的拓展与加深，也作为学生的主要学习材料，严格按照教育部《课标》的要求编写，拓展模块包含10个专题，分别是实用图册制作、演示文稿制作、数据报表编制、数字媒体创意、三维数字模型绘制、个人网店开设、计算机与移动终端维护、机器人操作、小型网络系统搭建、信息安全保护。

本教材的编写遵循中职学生的学习规律和认知特点，结合职场需求和专业需要，以项目任务的方式，让学生在真实的活动情境中开展项目实践，发现和解决具体问题，形成活动作品，培养学生的数字化学习能力和利用信息技术解决实际问题的能力。全套教材体现出以下特点。

（1）注重课程思政的有机融合。深入挖掘学科思政元素和育人价值，把职业精神、工匠精神、劳模精神和创新创业、生态文明、乡村振兴等元素有机融合，达到课程思政与技能学习相辅相成的效果；紧密围绕学科核心素养、职业核心能力，促进中职学生的认知能力、合作能力、创新能力和职业能力的提升。

（2）内容结构体现职业教育类型特征。教材每个专题下分若干项目，每个项目基本为一个完整的实践案例，使得项目与项目之间为平行结构，教师可以根据学生的专业方向挑选合适的项目开展教学，通过多样化学习活动的设计，改变传统的知识发布的呈现方式，努力引导学生学习方式的变革与核心素养的建构。

（3）内容载体充分体现新技术、新工艺。精选贴近生产生活、反映职业场景的典型案例，注重引导学生观察生活，切实培养学习兴趣。充分考虑各专业学生的学习起点和研读能力，对重点概念、技术以图文、多媒体等方式帮助学生掌握，同时应用时下最流行的网络媒体工具吸引学生的关注，加强实践环节的指导，让学生学有所用。

（4）强化学生的自主学习能力。每个项目后配有项目分享和评价，帮助学生自学测评。项目后面还配有工单式项目拓展，引导学生按照项目的任务实施自主完成新项目任务。

本套教材由罗光春、胡钦太担任总主编，制订教材编写指导思想和理念，确定教材整体框架，并对教材内容编写进行指导和统稿。

本书由钟勤、廖大凯、赖文昭担任主编，姜丽萍、古燕莹、喻铁担任副主编，先义华、刘春青、赖启军、向佳玲、袁静、赵爱芹、孟庆莉、龙根炳、黎江龙参与编写。本套教材由汪永智、黄平槐、廖大凯负责进行课程思政元素的设计和审核。本套教材在编写过程中得到了北京金山办公软件有限公司、360 安全科技股份有限公司、广州中望龙腾软件股份有限公司、福建中锐网络股份有限公司、新华三技术有限公司等企业，电子科技大学、北京理工大学、广东工业大学、华南师范大学、天津职业技术师范大学等高等院校，北京、辽宁、河北、江苏、山东、山西、广东等地区的部分高水平中、高等职业院校的大力支持，在此深表感谢。

由于编者水平有限，教材中难免存在疏漏和不足之处，敬请广大教师和学生批评和指正，我们将在教材修订时改进。联系人：张荣君，联系电话：（010）68944842，联系邮箱：bitpress_zzfs@bitpress.com.cn。

编　者

目　录
MULU

专题 4　数字媒体创意

专题 5　三维数字模型绘制

专题 6　个人网店开设

专题4 数字媒体创意

数字媒体是技术与艺术的结合。计算机技术和网络技术的突飞猛进，使传统艺术突破原有框架，获得了更加广阔的发展空间。数字媒体的兴起，不仅拓展了艺术的表现形式，改变了信息传播的方式，也对人类社会产生了深远的影响，并改变了人们的思维观念和生活方式。

数字媒体涉及计算机技术、数字通信技术、数字信息处理技术和网络技术等多个学科，横跨文化、艺术、商业等多个领域。它在信息采集、制作手段、发布途径方面的多样性，让非专业人士不再受传统传媒行业的技术限制，能够参与到媒体产品的开发中，依靠数字化手段展示自己的创意，制作作品并与他人分享。

数字媒体是文化传播的重要方式之一，创造有趣的应用和产品是其核心。本专题通过实际案例展示数字媒体作品创作的基本流程，讲解如何将视频、声音、图片、文字有机融合到一起，实现作品创意。为此，本专题设置了三个项目——端午节科普小动画制作、中国瓷器短视频制作和有机茶园全景图制作，可根据不同专业方向选择具体的教学项目。三个项目的内容要求简要描述如下:

1. 端午节科普小动画制作: 会编写脚本，设计动画形象; 了解动画的基本原理; 能制作简单的动画并能按要求输出成片。

2. 中国瓷器短视频制作: 会制订制作计划、编写脚本; 能按需求收集整理素材; 能剪辑音频和视频，完成音画合成; 能按要求输出成片。

3. 有机茶园全景图制作: 能够利用身边简易工具进行全景拍摄、合成并发布。

项目 1 端午节科普小动画制作

项目需求

为了响应国家号召，大力传承和弘扬中华优秀传统文化，校学生会准备在端午节到来之际组织系列活动对其进行宣传，其中一项内容就是通过动画介绍端午节的由来和习俗。学生会委托小小组织团队制作数字动画，要求将动画的时间控制在 2 分钟以内，而且动画应具备一定的趣味性，能吸引观众。

项目分析

由于需要对端午节做一次基础介绍，内容较多，小小决定采用旁白加二维动画的方式进行制作；在整体风格方面，包括动画形象、背景图片、背景音乐的选择都应当偏向传统；考虑到趣味性，画面元素采用 Q 版形象和简笔画风格，解说应尽量轻快诙谐。

进行具体制作时，小小根据制作流程，在每个环节安排合适的人员完成对应任务：首先收集素材，编写配音稿，待配音稿确定后编写分镜头脚本；其次，根据脚本完成动画制作；最后，考虑到播放平台的多样性，应当输出一个主流格式的动画成片并交给委托人，由其自行选择平台将成片上传。项目结构如图 4-1-1 所示。

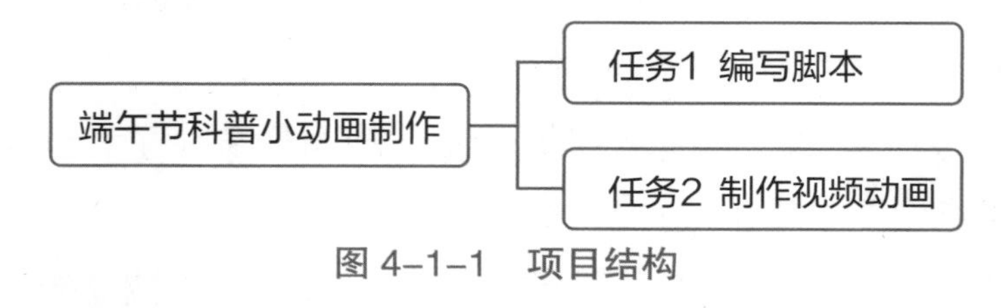

图 4-1-1 项目结构

学习目标

- 能分析运动的特征，根据制作要求编写分镜头脚本。
- 了解关键帧动画的原理，能制作简单的关键帧动画。
- 能根据脚本设计动画效果，准确表现主题。
- 能按播放要求输出动画视频。

编写脚本

任务描述

按照制作流程，小小首先要收集端午节的相关资料，包括文字、图片、视频和音乐。这些资料一方面作为动画制作的素材，另一方面用于编写配音稿。配音稿需要交委托人审核，待确定内容无误后根据配音稿编写分镜头脚本，以完成前期准备工作。

任务分析

动画形象的设计对于目前的团队而言难度较大，于是团队决定直接从网络上收集各种关于端午节的卡通图片作为后期制作的素材，同时，收集整理文字资料，了解端午节相关知识，写出配音稿。配音稿决定了整个动画的基调，应当确保内容准确完整，语言优美、风趣、文雅。完成后的配音稿应交委托人审核，根据反馈的意见修改调整。

完成配音稿后，就可以编写分镜头脚本，规划每个镜头的画面要素、动画效果、背景音乐等，以此为依据完成后期制作。任务路线如图 4–1–2 所示。

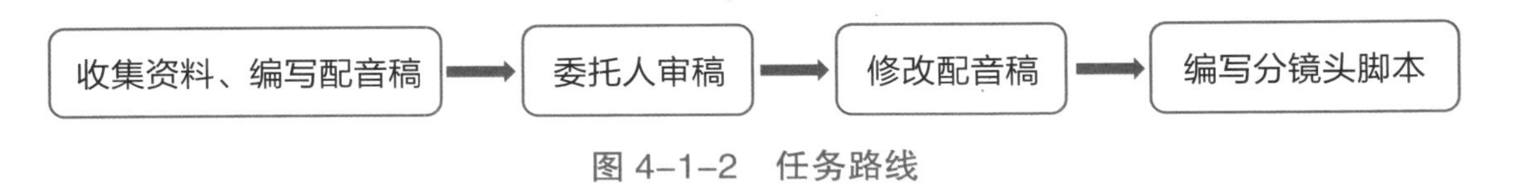

图 4–1–2　任务路线

1. 收集资料和编写配音稿

（1）收集资料

根据设计思路收集并整理端午节的相关文字、图片资料，用于编写文稿、设计动画形象以及制作动画背景。资料较多时应当分类管理和重命名，以便于制作动画时快速查找。收集整理资料如图 4–1–3 所示。

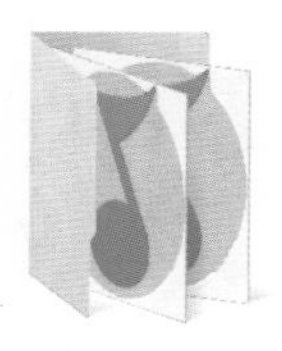

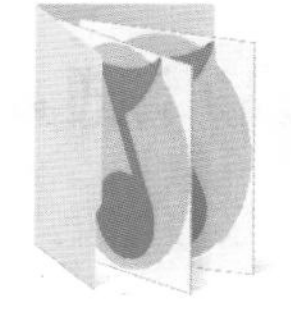

图 4–1–3　收集整理资料

（2）编写配音稿

根据收集的资料，设计作品风格和结构，编写配音稿，如图 4–1–4 所示。配音稿语言应精练、生动、形象，文字风格有一定偏向性（活泼或庄重），根据内容分段，控制每部分的字数。配音稿字数决定了配音时长，直接影响动画时长。

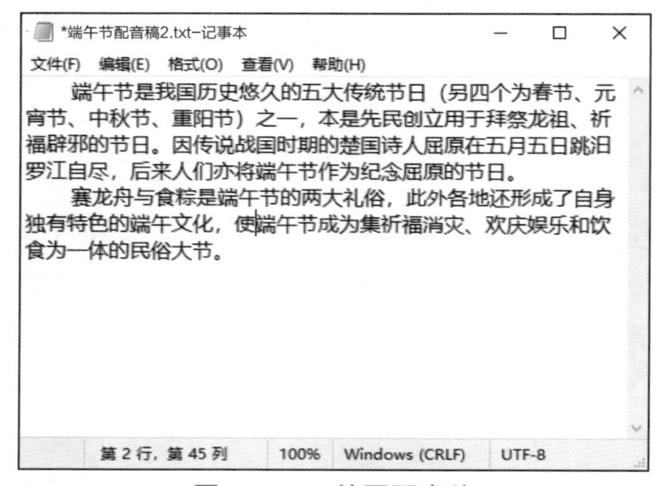

图 4–1–4　编写配音稿

2. 审稿与修改

将配音稿送委托方审阅，根据反馈意见进行修改调整。在配音前，应检查文字是否恰当，再次修饰文稿的语句。

3. 编写分镜头脚本

（1）编写脚本

根据文稿编写分镜头脚本，脚本应当能具体反映动画内容和制作思路，包含镜号、时长、解说词、画面内容、动画效果、配音、背景音乐等项目。具体项目可以根据内容和制作需要自行调整。分镜头脚本的编写见表 4–1–1。

表 4–1–1　分镜头脚本的编写

镜号	时长	解说词	画面内容	动画效果	同期声	背景音乐	备注
01	3 秒	无	片头 出片名：端午节	使用图片素材背景； 片名文字使用下落动画制作	无	古风、轻快	

续表

镜号	时长	解说词	画面内容	动画效果	同期声	背景音乐	备注
02	5秒	端午节是我国历史悠久的五大传统节日之一	列出5个传统节日的名称	使用图片素材背景； 春节、元宵节、端午节、中秋节、重阳节5个节日名称使用缩放动画制作	配音	古风、轻快	
03	5秒	本是先民创立用于拜祭龙祖、祈福辟邪的节日	显示文字“拜祭龙祖祈福辟邪”	使用图片素材背景； 文字使用左右横飞动画显示	配音	古风、轻快	
04	15秒	因传说战国时期的楚国诗人屈原在农历五月五日跳汨罗江自尽，后来人们亦将端午节作为纪念屈原的节日	显示屈原卡通形象	使用图片素材背景； 为背景图片添加缩放动画； 为屈原形象添加位移和缩放运动效果	配音	古风、轻快	
05	8秒	赛龙舟与吃粽子是端午节的两大礼俗，此外各地还形成了自身独有特色的端午文化	出现龙舟和粽子图片	龙舟和粽子的图片使用缩放或位移动画； 如果有其他端午节习俗的卡通图片可以考虑添加	配音	古风、轻快	
06	8秒	使端午节成为集祈福禳灾、欢庆娱乐和饮食为一体的民俗大节	结束	使用图片素材背景； 显示文字“端午佳节”，使用缩放动画	配音	古风、轻快	

（2）设计动画形象

动画中所需要的人物形象、场景等素材的风格应当与配音稿风格一致。从各类素材网站下载素材图片时（图 4–1–5），为避免版权纠纷，应特别注意网站关于素材的版权申明。图片格式选择时最好选用背景透明的 PNG 格式。

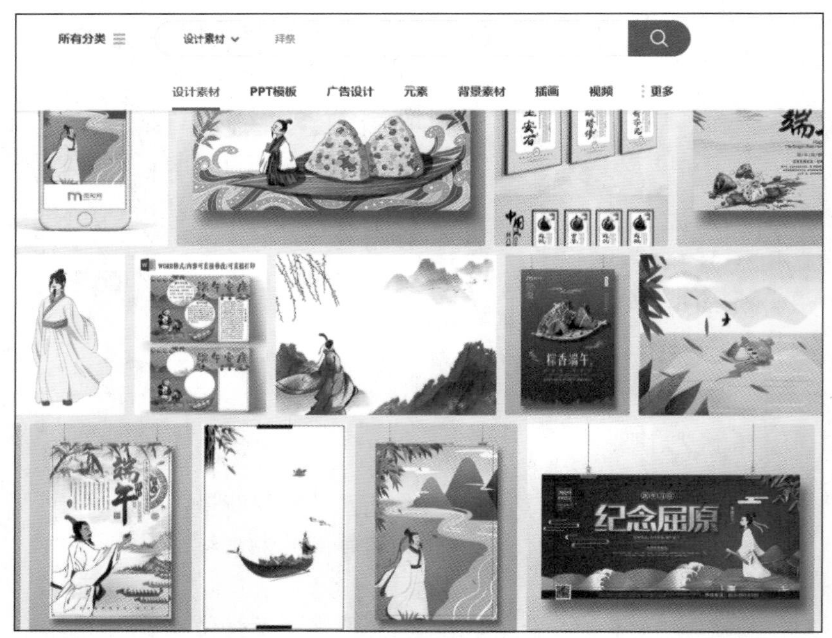

图 4–1–5　从素材网站上下载相关图片

制作视频动画

任务描述

完成所有准备工作后，小小就可以根据分镜头脚本制作动画。先安排人员完成解说词配音，可以采用软件合成，也可以使用真人语音；再根据每句解说词的内容选择图片，使用关键帧制作动画效果；最后按委托人的要求输出指定格式的成片。

任务分析

本片涉及的动画并不复杂，使用最基本的关键帧动画就可以完成，所以小小可以使用剪辑软件而不是专业动画软件制作，这也有利于后期的合成输出。

本任务将采用给图片的基本参数（位置、大小、旋转和不透明度）添加关键帧的方式完成动画制作。任务路线如图 4-1-6 所示。

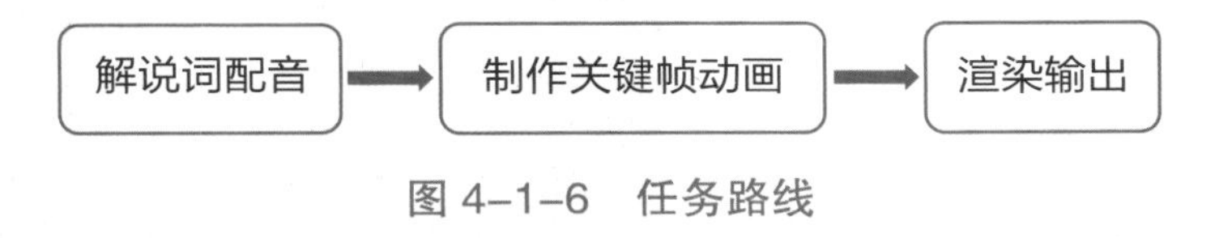

图 4-1-6　任务路线

1. 解说词配音

对解说词进行配音的方法有很多，可以使用文字转语音软件，也可以找专人配音。本任务利用百度翻译的朗读功能进行配音。

步骤 1：打开网页版百度翻译，将文字复制到对话框中，鼠标指向“发音”图标就会自动开始朗读。如果文字较多，则要分段导入。文字转语音，如图 4-1-7 所示。

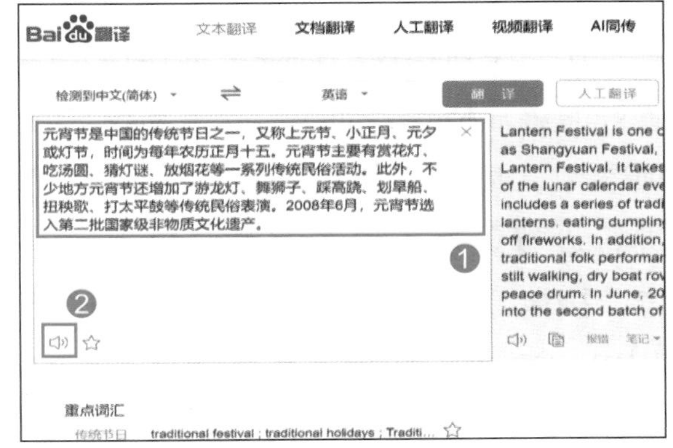

图 4-1-7　文字转语音

步骤 2：在 Windows 操作系统的开始菜单里找到并打开“录音机”，单击录制键进行内置录音，如图 4-1-8（a）所示；也可以使用录屏软件或音频处理软件进行内置录音，如图 4-1-8（b）所示。

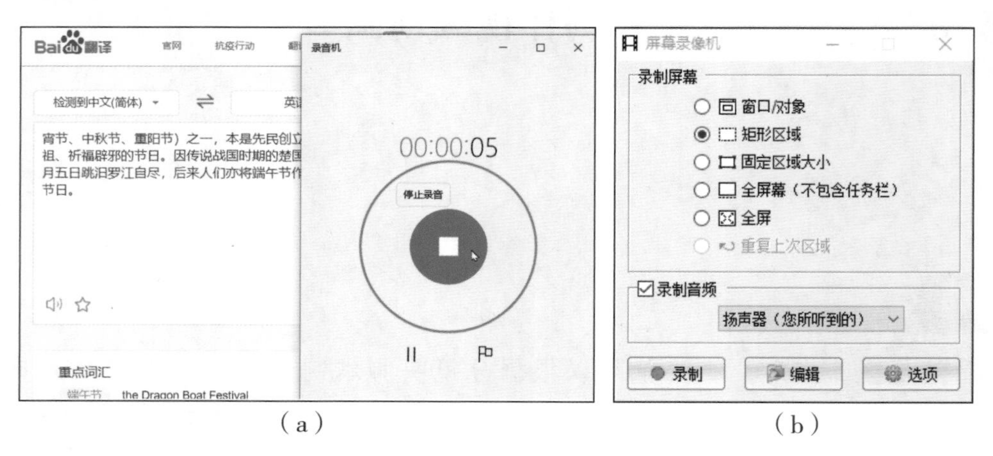

图 4-1-8

（a）使用 Windows 操作系统自带的“录音机”进行内置录音；（b）使用录屏软件进行内置录音

2. 制作关键帧动画

（1）导入素材

步骤 1：非编软件的主界面大同小异。以 Adobe Premiere 为例，打开软件，在欢迎界面中选择“新建项目”命令，在“新建项目”对话框中输入项目名称，单击“浏览”按钮选择保存位置。设置完成后单击“确定”按钮建立工程文件，如图 4-1-9 所示。其他项目一般不做调整。

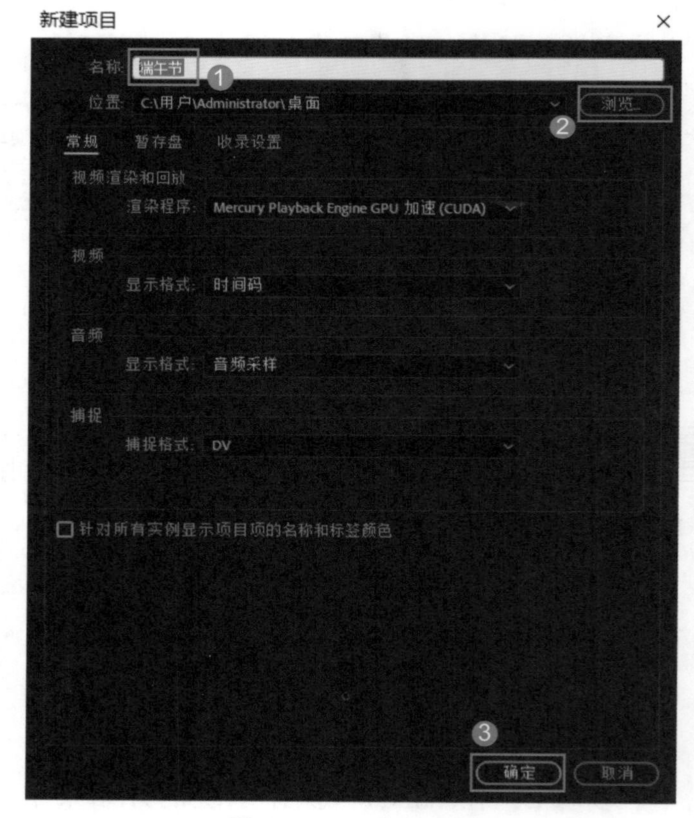

图 4-1-9　建立项目

步骤 2：序列是一个框架，保存用户的操作，视频的编辑都在序列中进行。新建项目后会自动弹出“新建序列”对话框，也可以执行软件界面最上方菜单栏中的“文件”→“新建”→“序列”命令，或使用“Ctrl+N”组合键新建序列。

在“序列预设”标签中选择预先设置好的影片格式，如果需要手动设置各项参数，可以切换到“设置”标签里进行设置。输入序列名称，单击“确定”按钮，进入软件主界面。这里选择“HDV 720p25”选项，在对话框右侧可以查看该预设的详细信息，如图 4-1-10 所示。

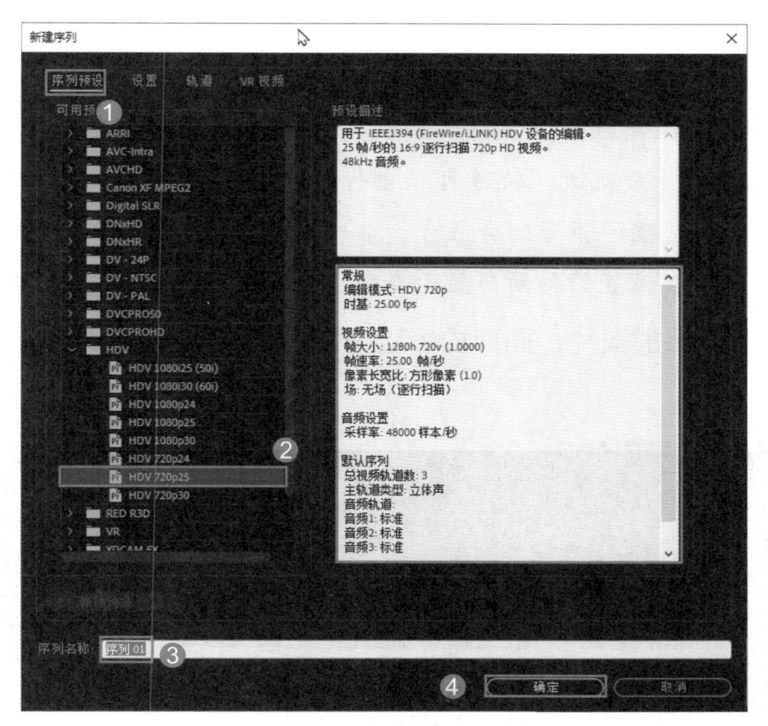

图 4–1–10　建立序列

步骤 3：导入音频素材和图片素材，可以用鼠标直接将素材从文件夹拖拽到项目面板，也可以执行菜单栏中的“文件”→“导入”命令。项目面板集成多个面板，通过面板上方的标签切换。

将鼠标指针移动到工具栏的“选择工具”上单击，将素材从项目面板拖拽到时间线面板的音频轨道和视频轨道上，并按镜头顺序依序排列，如图 4–1–11 所示。

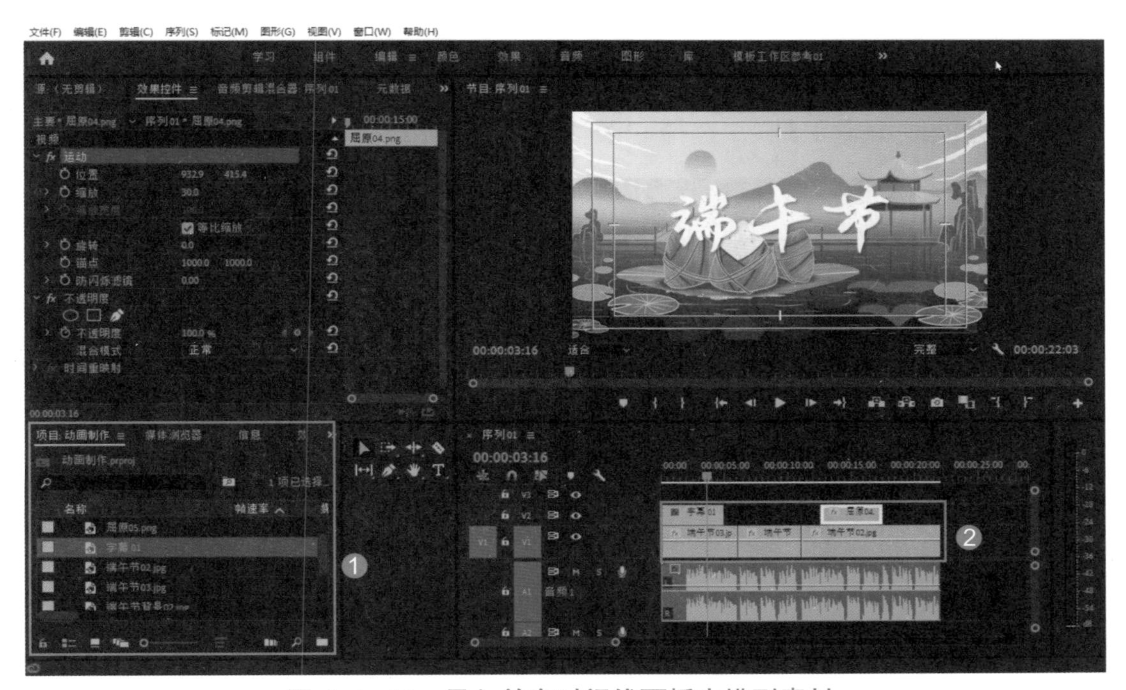

图 4–1–11　导入并在时间线面板中排列素材

时间线面板是主要操作区域，素材根据镜头的先后顺序在轨道上从左到右排列。时间线面板分为视频轨道和音频轨道，轨道可以自行添加或删除。上方视频轨道会遮挡下方轨道的画面内容，音频轨道里的声音则会混合。

时间线上的指针所在位置的画面会显示在右上方的监视器窗口里。

步骤 4：根据配音添加图片，画面内容应与配音描述内容相关或一致。音画对位如图 4-1-12 所示。

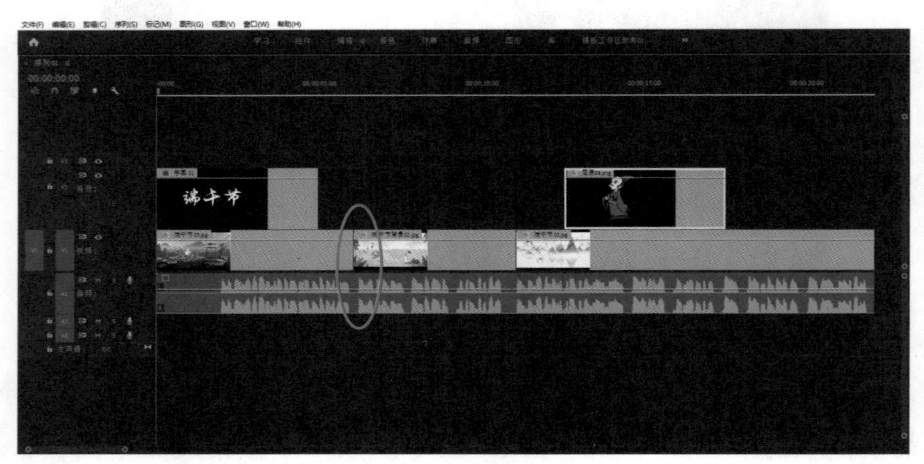

图 4-1-12　音画对位

使用“选择工具”调整素材片段时长。切换到“选择工具”，将鼠标指针移动到素材片段的头部或尾部，鼠标指针形状改变时，就可以按住鼠标左键不放，左右拖拽进行调整，如图 4-1-13 所示。

如果需要在保持相邻两个素材片段总时长不变的前提下改变切换点的位置，可以长按工具栏中的“波纹编辑工具”，选择“滚动编辑工具”，在切换位置拖拽。

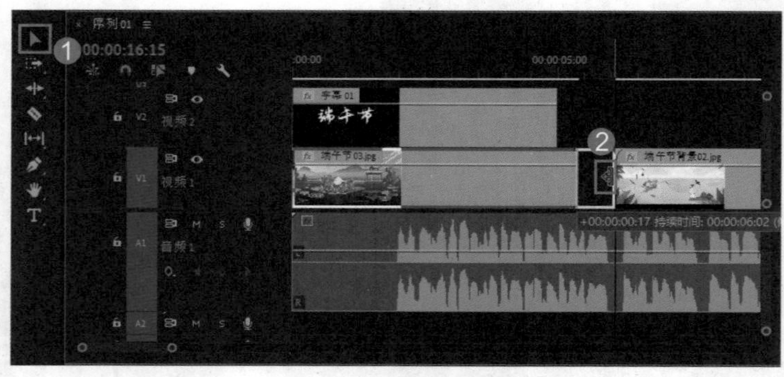

图 4-1-13　调整素材片段时长

（2）添加关键帧动画

关键帧动画是最基础也是最常用的动画制作方式之一，只需分别设置一个画面参数的起始、结束状态，软件就会自动生成完整的运动效果。

步骤 1：将软件左上方的面板切换到效果控件面板，使用“选择工具”在时间线面板上选中片名文字“端午节”，效果控件面板中会显示选中对象的基本参数。

将时间指针移动到动画结束位置，调整位置参数，可以单击蓝色参数输入数字，也可以按住鼠标左键在参数上左右拖拽调整。

按下“位置”参数前的“切换动画”按钮，参数后方的时间轴上自动生成关键帧，记录当前时间点的位置，如图 4–1–14 所示。

图 4–1–14　记录当前时间点的位置

步骤 2：向左拖拽时间指针，将其移动到动画开始时的时间点，调整位置参数，软件自动生成新的关键帧，记录下当前位置参数，这样就对片名文字“端午节”制作了一个简单的位移动画，如图 4–1–15 所示。

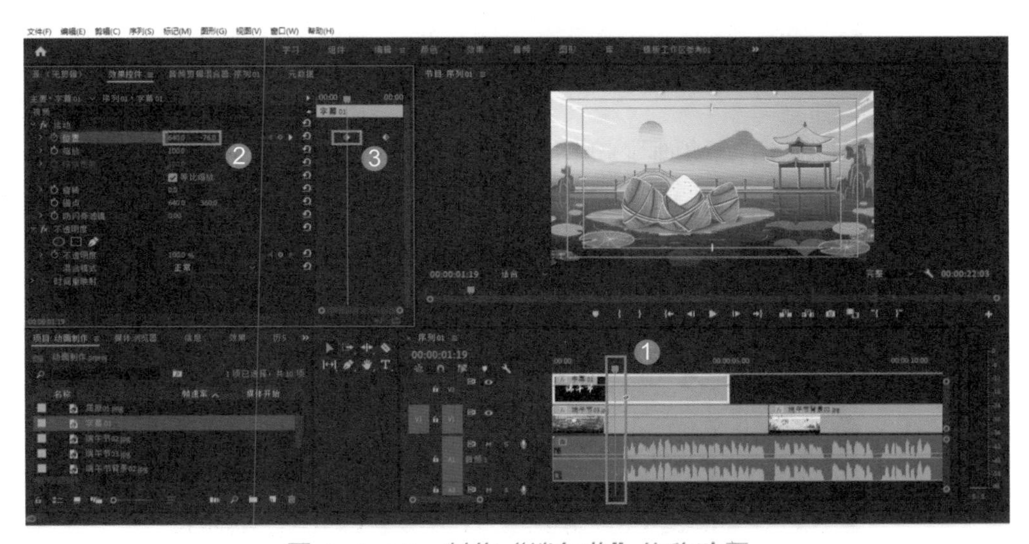

图 4–1–15　制作“端午节”位移动画

单击时间线面板，按下空格键，从时间指针位置开始播放视频，查看动画效果。

参数前有“切换动画”按钮就表示该参数可以添加关键帧，例如可以给音频添加关键帧，制作音量变化效果，如图 4-1-16 所示。

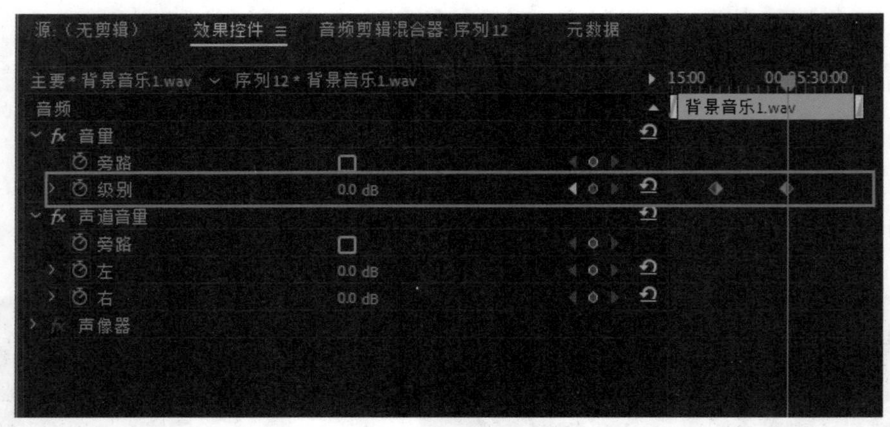

图 4-1-16 制作音量变化效果

（3）调整关键帧

框选关键帧并单击鼠标右键，可以在弹出的快捷菜单中执行相应命令剪切、复制和清除关键帧。

使用 2 个关键帧就可以制作出移动、旋转、缩放等动画效果，但是这些动画都是匀速动画，为了让画面更加生动，可以考虑制作变速动画，较为简单的方法就是使用 3 个关键帧，并设置各关键帧的参数，从而制作变速动画，如图 4-1-17 所示。

图 4-1-17 使用 3 个关键帧制作变速动画

按下不同参数前的“切换动画”按钮，可以给素材同时添加多种运动效果，例如同时添加位移和缩放效果，如图 4-1-18 所示。

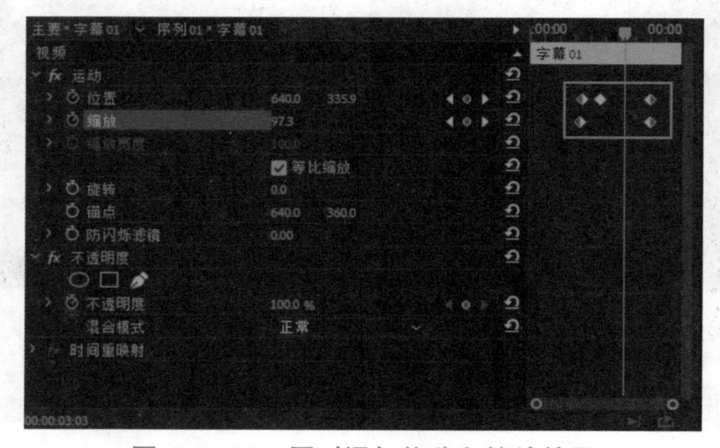

图 4-1-18 同时添加位移和缩放效果

（4）完成动画制作

给时间线上所有的图片添加关键帧，制作动画效果，然后反复播放，观看整体效果，对细节进行调整。

3. 渲染输出

检查无误后就可以输出成片，主要涉及格式、分辨率和比特率设置。

执行菜单栏中的“文件”→“导出”→“媒体”命令，如图 4-1-19 所示，也可以使用“Ctrl+M”组合键，两种操作都可以打开“导出设置”对话框。

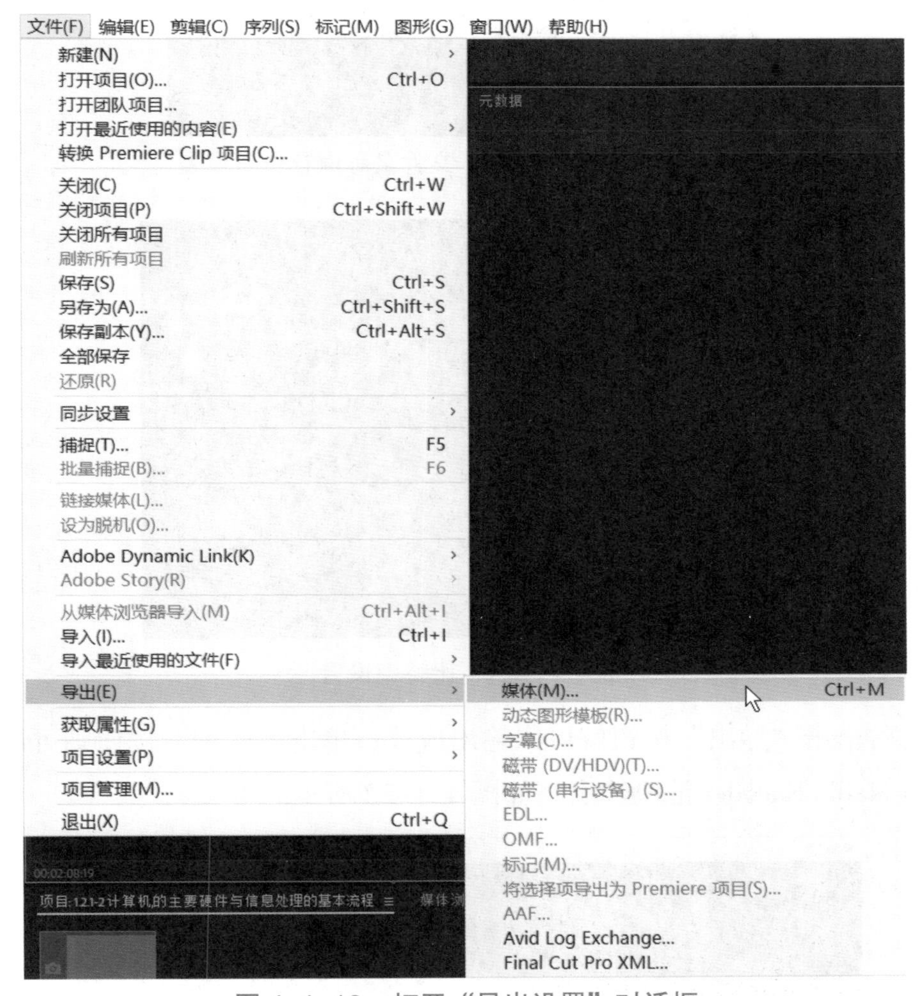

图 4-1-19 打开“导出设置”对话框

打开“导出设置”对话框，“格式”选择“H264”，生成 MP4 文件，“预设”选择“匹配源 - 高比特率”，采用和序列设置一致的视频参数。在“输出名称”位置设置文件名称并设置保存位置，如图 4-1-20 所示。

比特率设置如图 4-1-21 所示，“比特率编码”选择“CBR”，“目标比特率”使用预设值即可，若要手动设置，需要考虑素材和成片分辨率。在“导出设置”对话框中可以查看成片的大小。

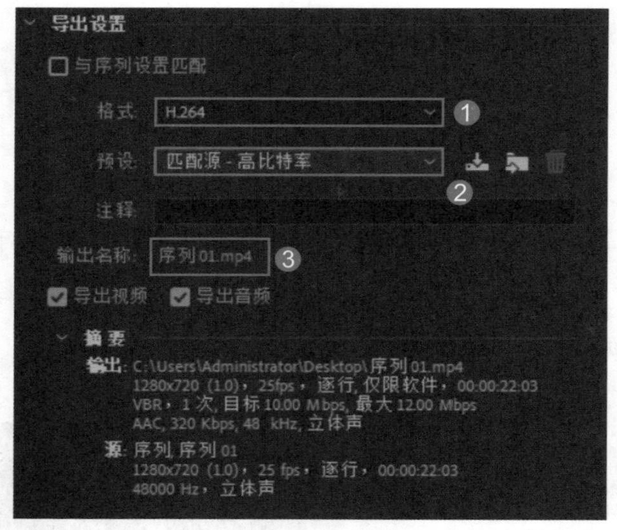

图 4-1-20　输出格式、文件名称保存位置设置

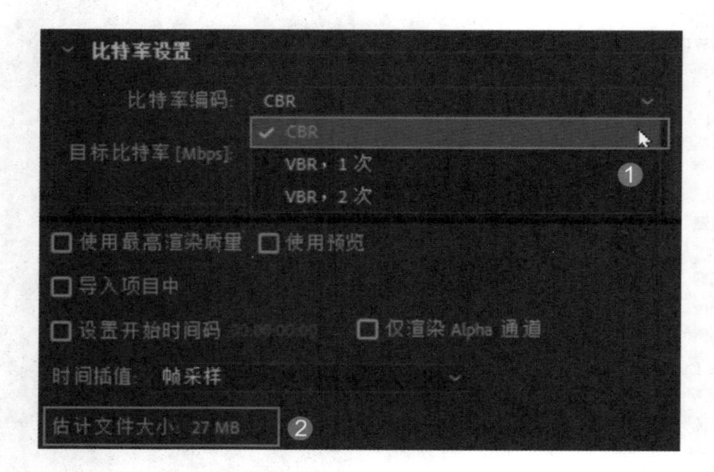

图 4-1-21　比特率设置

设置完成后单击“导出”按钮就可以输出成片，单击“队列”按钮则可以打开 Adobe 配套的渲染器 Media Encoder 渲染输出，如图 4-1-22 所示。

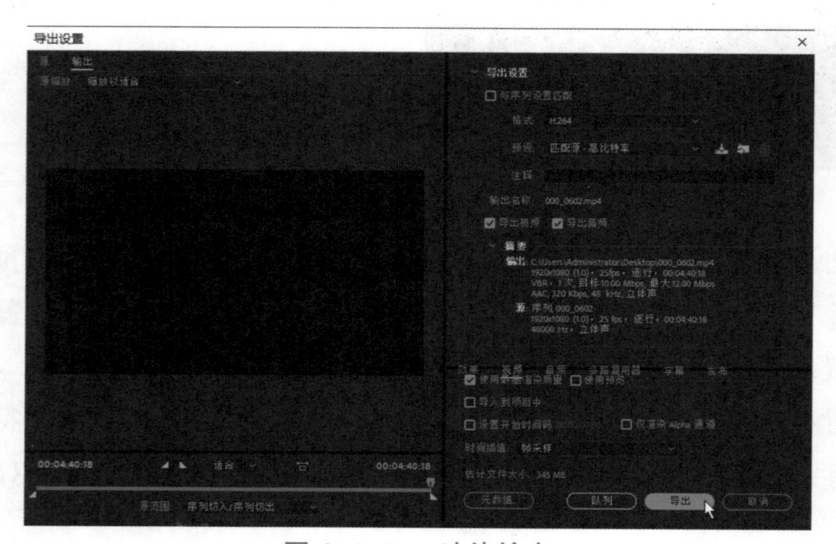

图 4-1-22　渲染输出

执行菜单栏中的“文件”→“保存”命令，或使用“Ctrl+S”组合键保存项目工程文件，如图 4-1-23 所示。在整个制作过程中需要随时保存，以避免发生意外丢失制作进度。修改时一般执行“另存为”命令，将修改后的内容保存为新工程文件。

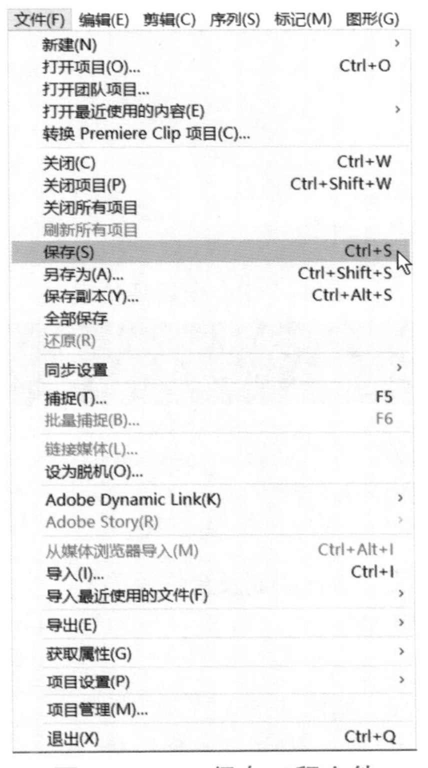

图 4-1-23　保存工程文件

项目分享

方案 1：各工作团队展示交流项目，谈谈自己的心得体会，并选派代表分享交流。

方案 2：由学生代表与指导教师组成项目评审组，各工作团队制作汇报材料并进行答辩。

项目评价

请根据项目完成情况填涂表 4-1-2。

表 4-1-2 项目评价表

类 别	内 容	评 分
项目质量	1. 各个任务的评价汇总 2. 项目完成质量	☆☆☆
团队协作	1. 团队分工、协作机制及合作效果 2. 协作创新情况	☆☆☆
职业规范	1. 项目管理、实施环境规范 2. 项目实施过程、相关文档的规范	☆☆☆
建议		

注：“★☆☆”表示一般，“★★☆”表示良好，“★★★”表示优秀。

项目总结

本项目依据行动导向理念，将关键帧动画制作流程转化为项目学习内容，共分为“编写脚本”“制作视频动画”两个任务。在“编写脚本”任务中介绍了根据需求收集、整理素材，编写配音稿和分镜头脚本；在“制作视频动画”任务中介绍了解说词配音、制作图片基本属性的简单关键帧动画，以及动画成片的输出和项目文件的保存。

制作环保宣传动画

1. 项目介绍

为践行“绿水青山就是金山银山”的发展理念和提高生态环境的保护意识，学校将组织一系列活动宣传环境保护，以提高学生的环保意识。学校电视台将制作关于环保的宣传动画，在世界环境日播放。

2. 预期呈现效果

1）动画短片采用情景短剧的形式，要有完整的故事情节。

2）采用二维动画形式制作。

3）动画角色、背景、对话语音、背景音乐等元素齐备。

4）动画生动流畅，具有一定的艺术感染力。

5）动画时间控制在4分钟内，成片能独立播放。

3. 项目资讯

1）动画短片的基本制作流程是________________________________

____

____

2）常用的动画制作软件有哪些？选择哪种软件制作本片比较好？

____

____

3）如何设计动画角色？

____

____

4. 项目计划

绘制项目计划思维导图。

5. 项目实施

任务 1：编写脚本

（1）编写文稿

1）以环境保护为主题编写一个小故事。

2）故事对角色、场景、情节的描述应当具体而不抽象，能使用动画表现。

（2）编写分镜头脚本

1）根据文稿设计动画角色对话。

2）根据文稿编写分镜头脚本。

根据文稿编写分镜头脚本。分镜头脚本基本结构如下表所示，具体栏目根据制作需要自行调整。

镜号	时长	解说词	画面内容	动画效果	同期声	背景音乐	备注
01							
02							

（3）设计动画角色和动画场景

1）根据文稿确定动画风格。

2）设计动画角色和动画场景。

角色与场景可以自行设计、绘制，也可以根据制作要求从网络上下载。使用来自网络的资源时，需要考虑素材的质量和版权。

任务 2：制作动画

（1）准备素材

1）准备视频素材。

准备制作需要的图片素材，包括绘制或下载的角色、场景。图片素材应当带 alpha 通道。

2）准备音频素材。

音频素材包括对话语音、背景音乐、音效等。对话语音也可以在完成动画制作后进行后期录制。

（2）制作动画

1）按分镜头脚本导入素材、划分镜头。

2）制作角色动画，动画效果应当流畅自然、符合逻辑。

3）完成音画合成。

4）添加相关标注。

5）调整整体效果。

（3）渲染输出

1）整理素材，保存工程文件。

2）输出相应格式的成片。成片应能脱离制作软件独立播放。

3）提交成片，根据反馈意见进行修改。

6. 项目总结

（1）过程记录

记录项目实施过程中的各种情况，为工作总结提供依据，如表格不够，可自行加页。

序　号	内　容	思考及解决方法
1		
2		
3		

（2）工作总结

从整体工作情况、工作内容、反思与改进等几个方面进行总结。

7. 项目评价

内　容	要　求	评　分	教师评语
项目资讯（10 分）	回答清晰准确，紧扣主题，没有明显错误		
项目计划（10 分）	计划清楚，图表美观，能根据实际情况进行修改		
项目实施（60 分）	实施过程安全规范，能根据项目计划完成项目		
项目总结（10 分）	过程记录清晰，工作总结描述清楚		
态度素养（10 分）	按时出勤、积极主动、清洁清扫、安全规范		
合计	依据评分项要求评分合计		

项目 2 中国瓷器短视频制作

项目需求

张老师正在准备中国瓷器等中华优秀传统文化系列讲座，介绍中国瓷器时，需要制作一个宣传短片放在开讲前播放。为此，张老师特意委托小小制作短片。短片需要展示中国瓷器的历史、烧制流程、现状以及未来。短片的清晰度至少达到 720P，采用 MP4 格式，时长控制在 4 分钟以内。

项目分析

小小接到项目后，首先与张老师沟通，了解制作的具体需求，进行初步分析，拟定项目实施计划，保证涉及的描述翔实准确；然后根据需求拟定详细制作计划，做好人员和任务安排，收集资料，编写文稿和分镜头脚本；接下来按照制作计划收集和整理音频、视频素材；完成前期准备后按分镜头脚本进行后期制作，包括音频剪辑、视频剪辑和音画合成；最后输出成片。在项目进行过程中，小小需要不断与张老师沟通，及时根据反馈的意见进行修改、调整。项目结构如图 4-2-1 所示。

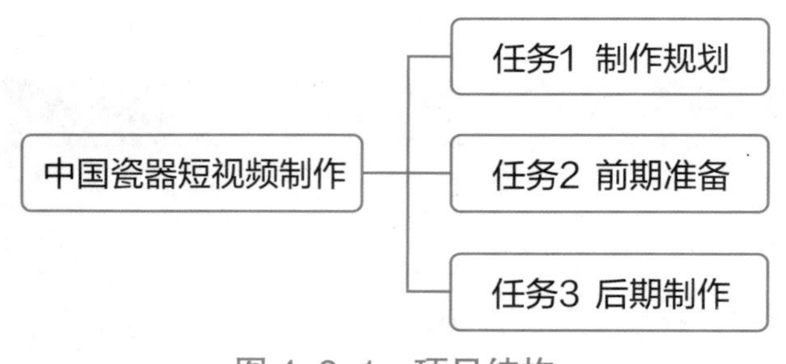

图 4-2-1 项目结构

学习目标

- 能了解制作需求，制定制作计划，编写文稿和分镜头脚本。
- 能收集和整理音频、视频素材，并且能对素材进行基本加工。
- 会使用主流多媒体制作软件完成音视频剪辑、音画合成、渲染输出。
- 能根据任务要求合理安排人员，具备团队协作能力。

制作规划

任务描述

小小与张老师沟通并协商、研讨短片的主题、内容、时长、播放环境等具体制作要素，确定整体风格。意见达成一致后，小小与制作人员共同拟定制作计划，规划每个阶段的具体内容和时间节点，划分任务并做好人员安排。此外，小小还需要提供文稿交张老师审核，并根据文稿编写解说词（配音稿）和分镜头脚本。

任务分析

短片制作是一个系统工程，需要事先统筹规划，根据委托人的具体要求制定制作计划，做好整体安排，制作计划主要包括每个任务的时间安排和人员分配。

文稿和配音稿有一定区别，文稿要体现客户需求、全面反映影片内容；配音稿通常在文稿的基础上修改，语言更准确、精炼、严谨，分镜头脚本通常根据配音稿编写，作为后期制作的依据。编写文稿是后续工作的前提，所以文稿完成后需要交给张老师审核，以避免内容出错造成后期频繁修改。任务路线如图 4-2-2 所示。

图 4-2-2　任务路线

1. 沟通制作需求

（1）确定内容

短片的名称是“中国瓷器”。

短片的内容应包括我国瓷器的发展历史、瓷器的简要制作流程、瓷器现状，还应有对未来的展望。

（2）确定技术参数

短片的时长控制在 4 分钟之内，采用 1 080P 或 720P 分辨率，帧率为 25 帧 /s，在保证清晰度的前提下将文件大小控制在 1GB 以内。

（3）确定风格

从内容的角度出发，本片整体调色和音乐风格应偏向传统文化风格。如果需要使用效果合成软件制作特效，可以考虑使用水墨风格。

2. 制订制作计划

（1）进度安排

规划制作各阶段的内容和时间节点；进行人员安排，分配各任务组具体工作。

如果项目庞大，制作计划复杂，可制作进度安排表，见表 4–2–1。进度安排表里的内容可根据短片的具体情况进行调整。

表 4–2–1　进度安排表

工作序号	工作项目	工作安排	时间安排	负责人	辅助人员	备注
01	文稿编写	编写文稿				
02		客户审稿				
03	脚本编写	编写脚本				
04		提炼解说词				
05	前期准备	前期现场拍摄				
06		解说词配音				
07		音频、视频素材收集				
08	后期制作	音画合成				
09		影片包装				
10		初剪送客户审核				
11		修改与细节调整				
12		成片输出				

（2）设备支持

汇总、安排各制作项目涉及的设备，制作设备清单（见表 4–2–2），做好管理，保证设备安全。

表 4-2-2　设备清单

序号	设备名称	设备情况	借出时间	归还时间	租借人签字	负责人签字	备注
01							
02							
03							
04							
05							

3. 编写文稿、解说词

（1）编写文稿

根据制作需求编写文稿，文稿完成后交客户审核。

（2）编写解说词（配音稿）

本短片要求配解说词，解说词应根据文稿编写。解说词应当主题明确、语言精练、用词遣句优美。根据短片时长控制配音稿字数（每分钟 200~260 字）。

4. 编写分镜头脚本

以配音稿为基础编写分镜头脚本（见表 4-2-3），分镜头脚本需要体现具体制作目标，能够展现短片最终完成的效果。脚本可以用表格形式编写，表格中的栏目根据制作需要进行调整，可以包括以下内容：镜头编号、时长、画面内容、解说词、音乐和备注等。

表 4-2-3　分镜头脚本

中国瓷器									
成片时长：＿＿＿＿＿＿									
镜头编号	时长	内容	解说词	画面内容	素材类型	同期声	音乐	后期制作	备注
01	7 秒	片头	无	片名	图片制作	无	古风，节奏较快	剪辑软件合成	
02	5 秒	开篇引入	茶壶、杯子、瓷板、瓷瓶	实物图片或视频展示（特写、近景）	网上收集	配音	古风	剪辑软件合成	
03	5 秒	开篇引入	你们见过这么多精美瓷器吗	实物图片或视频展示（特写、近景）	网上收集	配音	古风	剪辑软件合成	
……	……	……	……	……	……	……	……	……	……

续表

镜头编号	时长	内容	解说词	画面内容	素材类型	同期声	音乐	后期制作	备注
14	8 秒	介绍瓷器历史	从遥远的宋代开始，瓷器就作为重要的商品，经海上丝绸之路出口到欧洲	从中国到欧洲的路线行进延伸动画	动画展示	配音	古风	剪辑软件合成	使用地图图片制作位移效果展示
……	……	……	……	……	……	……	……	……	……
25	8 秒	介绍制作流程	使瓷片通过一个个水冲式的过釉器，让瓷片表面附着一层釉	流水线视频，每个画面添加文字标注	实拍或从网上下载视频	配音	古风	剪辑软件合成	有条件可以到工厂实拍
……	……	……	……	……	……	……	……	……	……

任务 2 前期准备

任务描述

小小制订好了制作计划并完成了文稿、解说词，接下来按照各项目完成的时间顺序逐项实施。首先要做的是收集素材，短片制作通常涉及图片、音频和视频，不仅要按分镜头脚本收集素材，还需对素材进行整理、归类、重命名，以方便后期制作时查找、调用。

任务分析

短片素材种类较多，音频素材包括解说词配音、背景音乐，有时还需要制作音效。其中，背景音乐和音效通常使用来自网络的资源；视频素材尽量考虑实拍镜头或动画，如果需要现场拍摄，还需要制定拍摄进度表。

收集到的素材需要检查，确认没有违规违纪内容，并且不会造成版权纠纷，然后统一重命名，归类储存。如果后期编辑软件无法识别素材的格式，可以使用格式转换软件做转换处理。任务路线如图 4-2-3 所示。

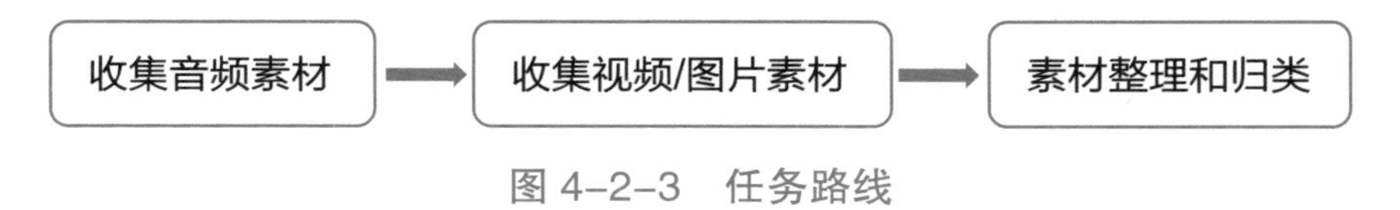

图 4-2-3 任务路线

小提示

下载来自网络的资源时，应当确认素材的合法性以避免引起版权纠纷。如果需要购买素材（涉及费用问题），需要提前与客户沟通。

任务实施

1. 收集音频素材

（1）解说词配音

解说词的配音可以通过文字转语音软件获取。这种软件的操作大致相同，经过导入配音稿、设置、试听、导出，就可以获得解说词的配音文件。文字转语音软件如图 4-2-4 所示。

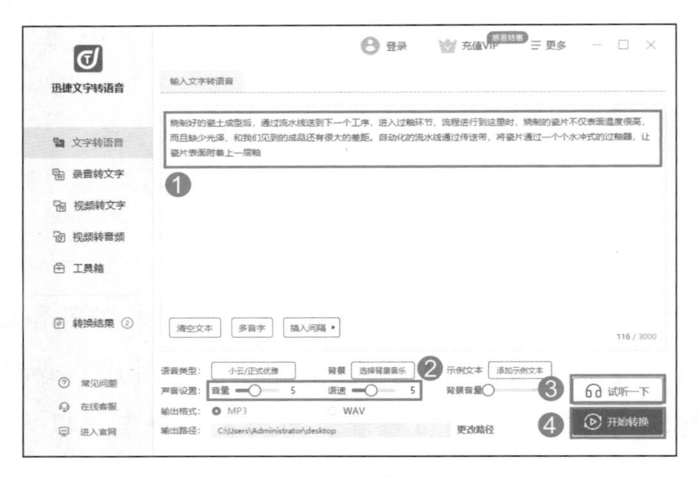

图 4-2-4　文字转语音软件

文字语音转换软件都是采用人工智能（AI）配音，与真人语音有一定差异；对解说配音要求较高时，需要付费才能获取更多的服务，如图 4-2-5 所示。

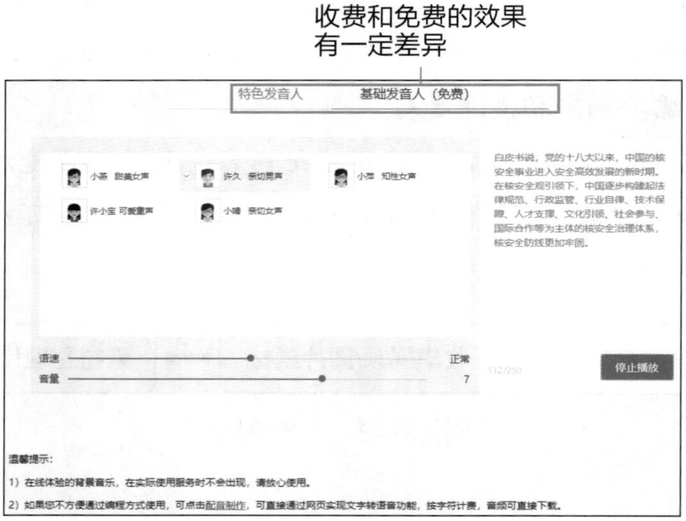

收费和免费的效果
有一定差异

特色发音人　基础发音人（免费）

小燕 甜美女声　许久 亲切男声　小萍 知性女声
许小宝 可爱童声　小婧 亲切女声

白皮书说，党的十八大以来，中国的核安全事业进入安全高效发展的新时期。在核安全观引领下，中国逐步构建起法律规范、行政监管、行业自律、技术保障、人才支撑、文化引领、社会参与、国际合作等为主体的核安全治理体系，核安全防线更加牢固。

语速　正常
音量　7
停止播放

温馨提示：
1）在线体验的背景音乐，在实际使用服务时不会出现，请放心使用。
2）如果您不方便通过编程方式使用，可点击配音制作，可直接通过网页实现文字转语音功能，按字符计费，音频可直接下载。

图 4-2-5　文字语音转换文件

此外，也可以联系专业配音公司，由播音员配音。但是这种配音方式成本较高，通常按照播音员水平，以字数或分钟数进行收费。

（2）收集背景音乐

根据短片的内容段落制作或收集背景音乐。背景音乐的风格应与短片主题一致，能烘托主题，提升影片的感染力。背景音乐的选择应和后期制作人员商讨，达到后期制作人员的要求。

背景音乐可以从各种素材网站下载，如图 4-2-6 所示。这类网站会提供图片、音频、视频等一系列素材，并且大多可用于商业作品。

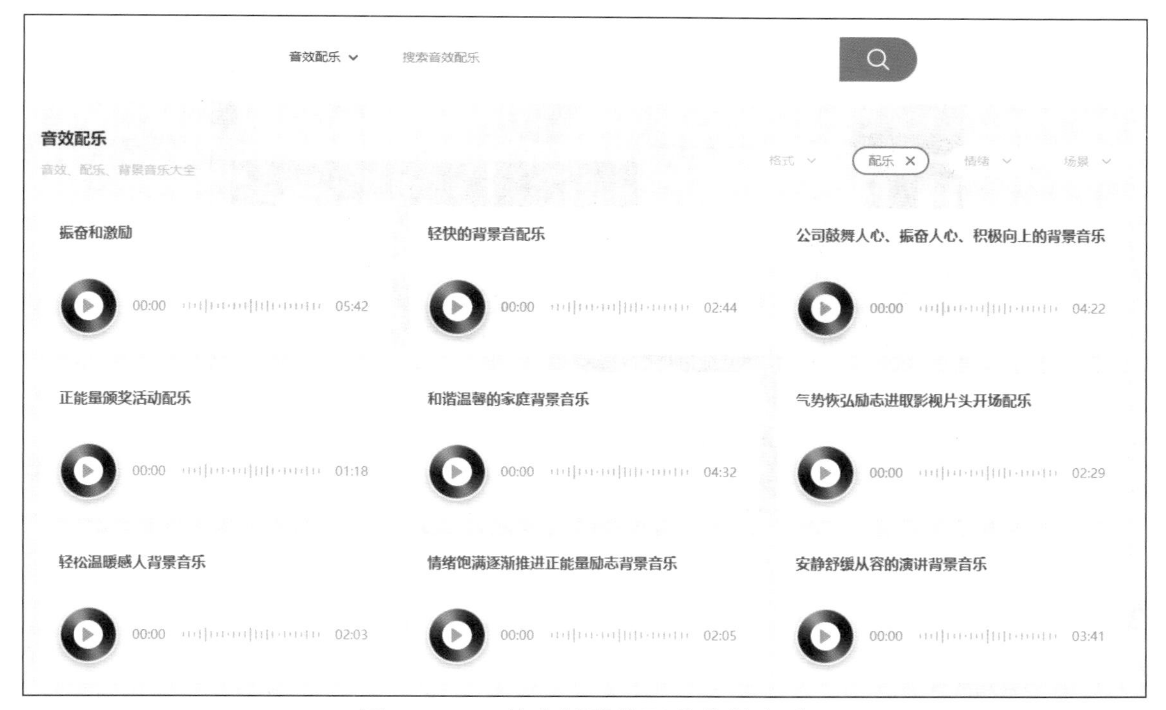

图 4-2-6　从素材网站下载背景音乐

2. 收集视频 / 图片素材

（1）实拍素材

可以联系当地陶瓷厂拍摄生产的具体流程。

拍摄负责人应当制作拍摄进度表（规定拍摄时间、拍摄地点、镜头数量等），见表 4-2-4。联系摄像师、场地以及设备，根据拍摄进度表按时完成现场拍摄任务。

表 4-2-4　拍摄进度表

镜头编号	拍摄时间	拍摄地点	镜头数量	画面内容	拍摄景别	拍摄角度	拍摄方式	设备
……	……	……	……	……	……	……	……	……
05			5~7 个	瓷器上釉	中景、近景特写	平拍	固定镜头、摇镜头、跟镜头	手机 美颜灯 ×1（补光）
……	……	……	……	……	……	……	……	……

（2）收集视频 / 图片资料

从网络上收集相关图片和音频、视频资料等素材，如图 4-2-7 所示。若在后期制作中内容发生改动，应及时配合后期制作人员进行调整。

图 4-2-7　从网络上收集素材

3. 素材的整理和归类

（1）素材的整理

检查素材参数是否符合制作要求、是否包含违规信息。

根据制作需要对素材进行校正（裁剪大图、对扫描件锐化、修正图片、视频的色温等），相关操作也可以交由后期人员完成。

有些素材格式后期软件无法导入，需要进行格式转换。以格式工厂为例。打开软件，在界面左侧选择需要转换的格式，按提示导入文件；右侧列表显示导入文件的队列；单击“输出文件夹”按钮设置转换后的保存位置，然后单击“开始”按钮进行转换。格式转换如图 4-2-8 所示。

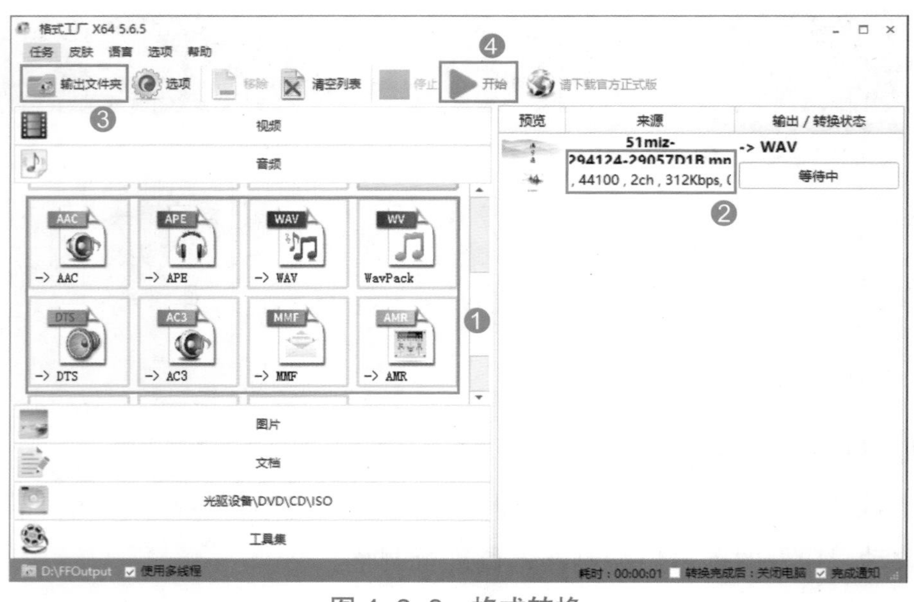

图 4-2-8　格式转换

（2）素材的归类

将所有素材归类，根据制作时间线或素材的种类进行归类保存，将所有文件夹统一标准命名，以便于制作时能快速查找调用，如图 4–2–9 所示。出于数据安全的考虑，有时还需要对素材进行备份。

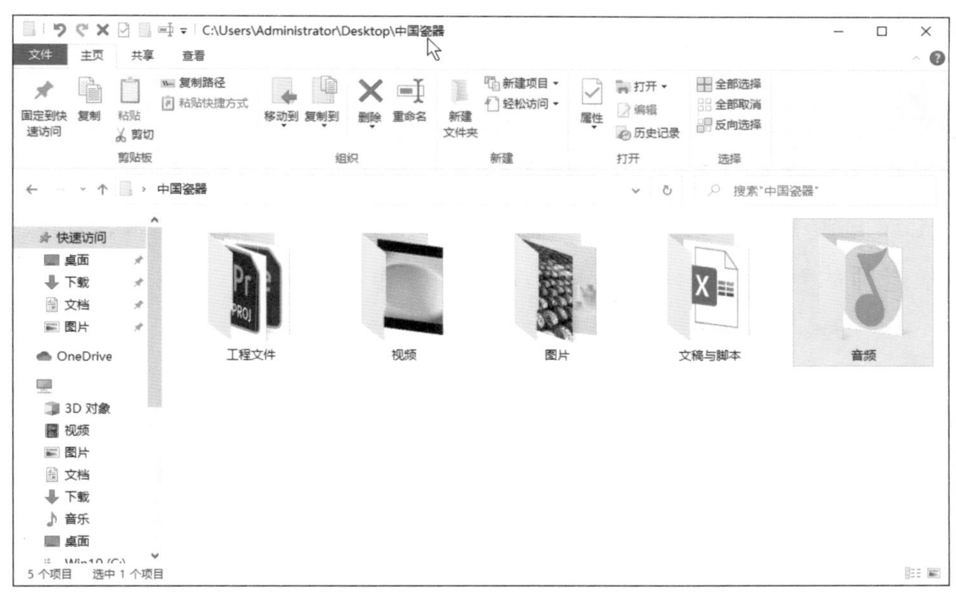

图 4–2–9　将所有素材归类

（3）素材的统一命名

将素材统一命名，以便于查找，如图 4–2–10 所示。

图 4–2–10　将素材统一命名

任务3 后期制作

任务描述

完成前期准备工作后，小小开始后期制作，按照制作计划安排人员进行音频剪辑和视频剪辑，完成音画合成、影片包装。此时可以看到成片的大致效果，所以在这个阶段可能要根据张老师的意见反复修改，直至完成最终作品。

任务分析

后期制作使用非线性编辑软件完成音画合成，剪辑时尽量使用实拍素材，根据配音剪辑、添加视频。没有实拍镜头对应则考虑使用图片表现内容，通常需要通过添加关键帧为图片制作简单的运动效果，让画面生动起来。此外，短片还应当有片头和片尾，解说词字幕，部分镜头还应当配有文字标注。

初剪完成后反复查看整体效果，调整细节，再根据委托人意见进行修改，完成精剪。任务路线如图 4-2-11 所示。

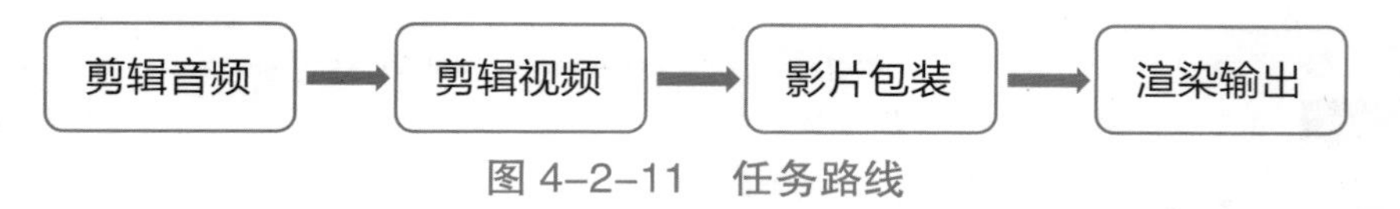

图 4-2-11　任务路线

任务实施

有配音的短片，通常需要根据配音的内容来选择镜头，所以后期的第一步是对配音做处理，背景音乐和音效则可以在视频剪辑完成后再添加。

1. 剪辑音频

检查配音，删除不需要或出错的部分，该操作可以在剪辑软件中完成。如果采用真人语音配音，可能同时录下所处环境的杂音，所以有时还需要对配音文件做降噪处理，在对音频质量要求不高的场合一般采用有损降噪的处理方式。

（1）音频降噪

音频降噪操作分为两步，首先采集噪声样本，然后根据噪声特性降噪。

以下操作步骤以 Adobe Audition 为例。

步骤 1：打开软件，将需要降噪的音频拖拽到软件界面上；按住鼠标左键在只有噪声的区域左右拖拽，选择噪声范围；在菜单栏中执行“效果”→“降噪 / 恢复”→“捕捉噪声样本”命令。采集噪声样本如图 4-2-12 所示。

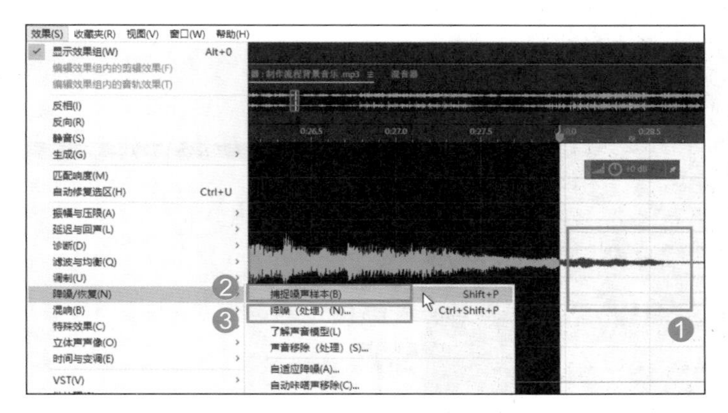

图 4-2-12 采集噪声样本

步骤 2：在菜单栏中执行“效果”→“降噪 / 恢复”→“降噪（处理）”命令，打开“效果 - 降噪”对话框设置降噪参数，单击“选择完整文件”按钮选择整段音频，单击“应用”按钮完成降噪，如图 4-2-13 所示。降噪完成后在菜单栏中执行“文件”→“导出”→“文件”命令，输出处理后的音频。

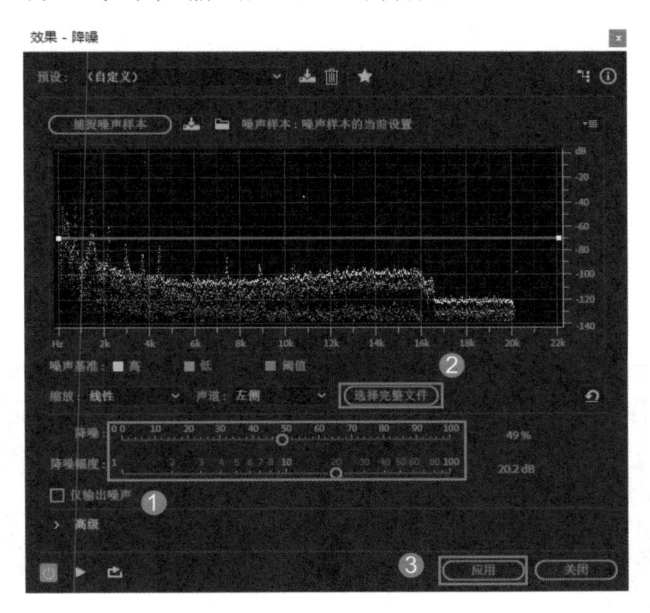

图 4-2-13 降噪

（2）建立项目

启动 Adobe Premiere，新建项目。

在菜单栏中执行“文件”→“新建”→“序列”命令，打开“新建序列”对话框，选择序列预设，根据要求选择“HDV”中的“HDV 1080p25”，输入序列名称，单击“确定”按钮完成项目的建立，如图 4-2-14 所示。

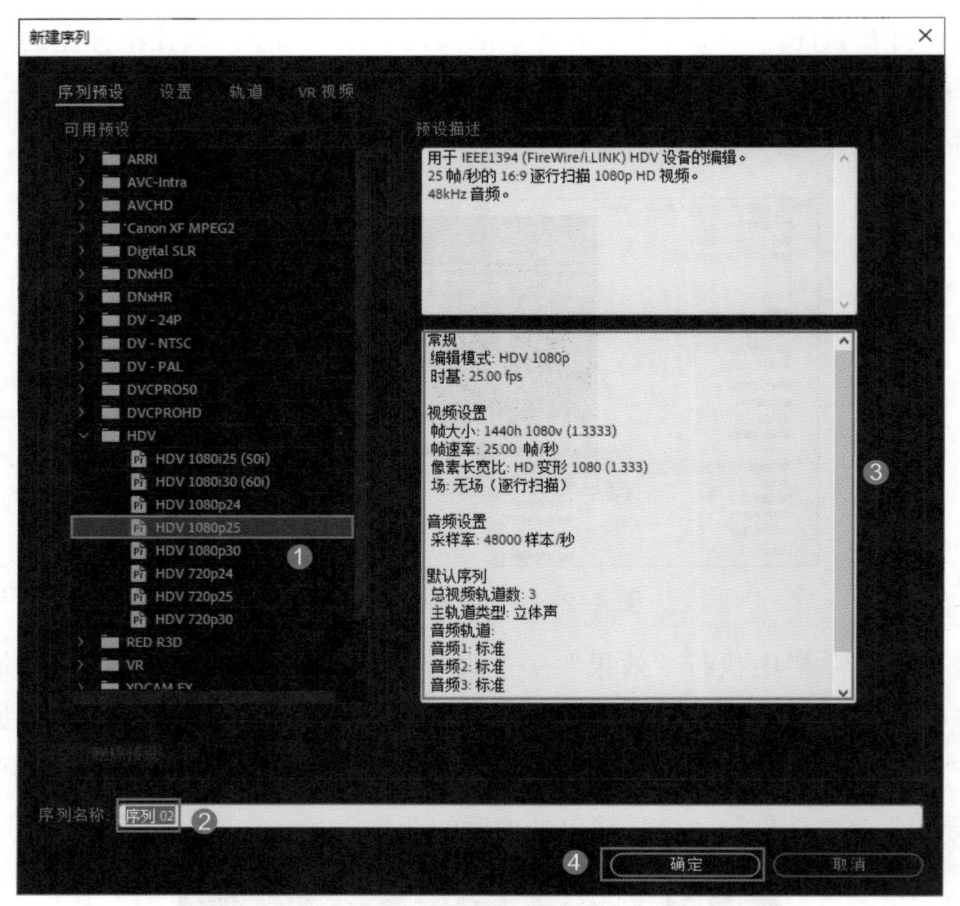

图 4-2-14　建立项目

（3）剪辑解说词配音

步骤 1：将解说词配音拖拽到音频轨道，选择工具栏中的“剃刀工具”，单击切割音频，音频轨道能够显示音频波形，使用“+”“-”键伸缩时间线以方便观察，如图 4-2-15 所示。

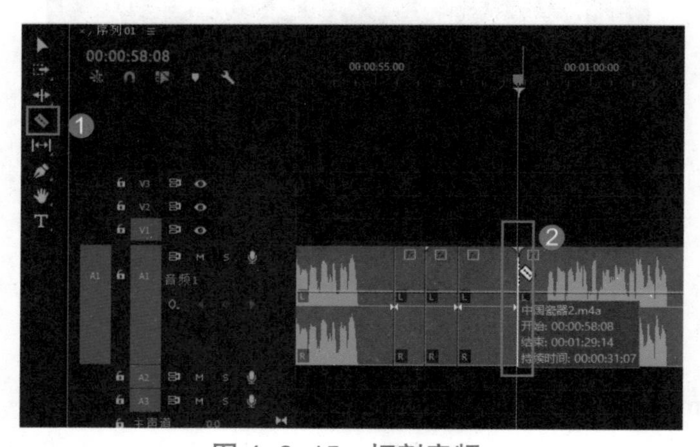

图 4-2-15　切割音频

步骤 2：使用“选择工具”选中不需要的部分，按“Delete”键删除，也可以在间隔的空白位置单击鼠标右键，在弹出的快捷菜单中选择“波纹删除”命令，如图 4–2–16 所示。

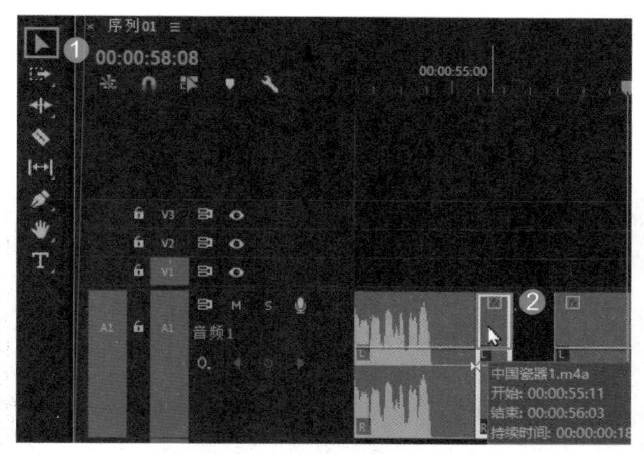

图 4–2–16　删除不需要的部分

步骤 3：拼接音频，可以使用“选择工具”按住鼠标左键拖拽，如图 4–2–17 所示。

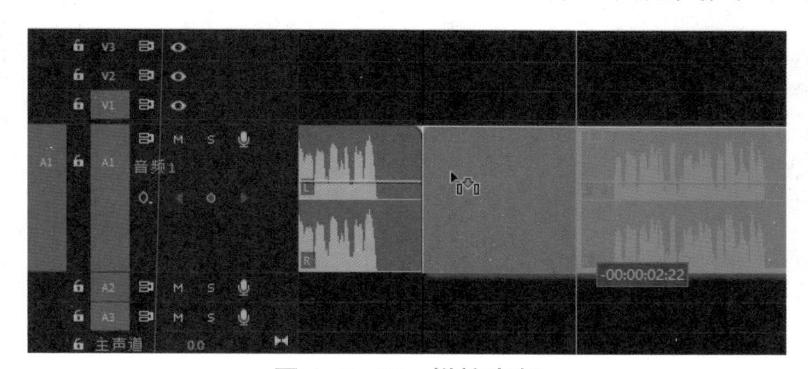

图 4–2–17　拼接音频

（4）添加音频转场

让两段音频过渡自然，可以添加音频转场。单击软件界面左下方项目面板位置处的“效果”标签，展开“音频过渡”下的“交叉淡化”，可以看到音频转场效果，如图 4–2–18 所示。将音频转场效果拖拽到两段音频连接处，按空格键播放，试听效果。

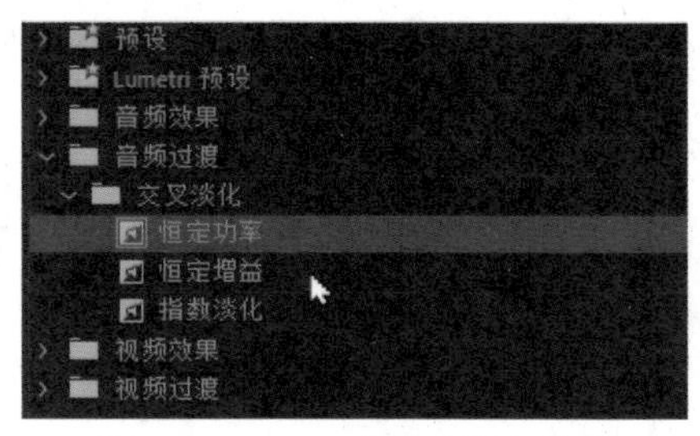

图 4–2–18　音频转场效果

（5）添加背景音乐

在新的音频轨道上添加符合主题风格的背景音乐。

背景音乐的音量应低于解说词配音的音量，总音量不能过大，通过时间线面板右侧的均衡器可以查看音量。音频合成如图 4–2–19 所示。

在时间线面板中选择音频片段，单击软件左上方区域的“效果控件”标签，调整“级别”参数就可以设置所选音频片段音量。“级别”参数默认开启关键帧，调整参数前需要关闭参数前的“切换动画”按钮。

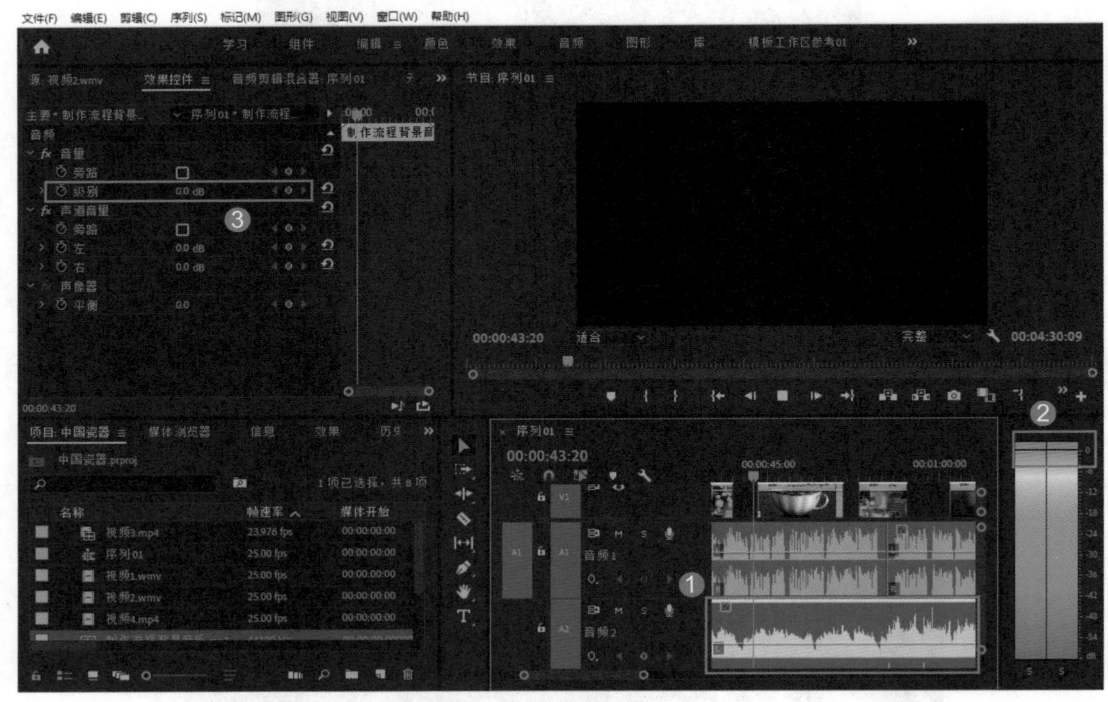

图 4–2–19 音频合成

2. 剪辑视频

（1）视频剪辑

将整段素材拖拽到时间线面板的视频轨道上，选择工具栏中的“剃刀工具”，切割视频素材，删除不需要的视频片段，再根据解说词内容，将需要的部分拼接到一起。画面显示的内容应当与解说词描述的内容一致，音画对位如图 4–2–20 所示。

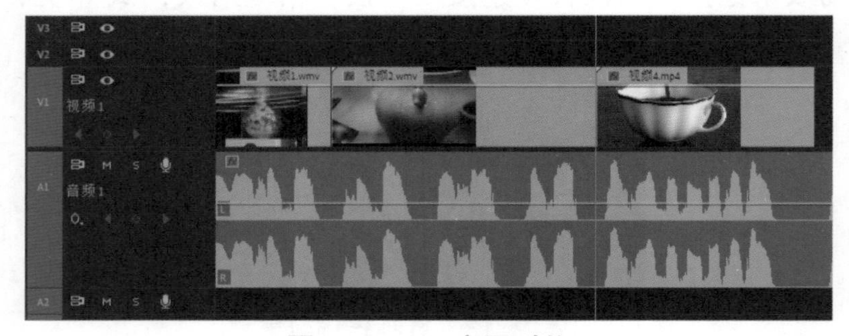

图 4–2–20 音画对位

使用素材源监视器剪辑视频效率更高。双击左下方项目面板里的素材，打开素材源监视器，在素材源监视器里使用“标记入点”和“标记出点”工具截取素材中需要的片段，拖拽到视频轨道中，如图 4–2–21 所示。

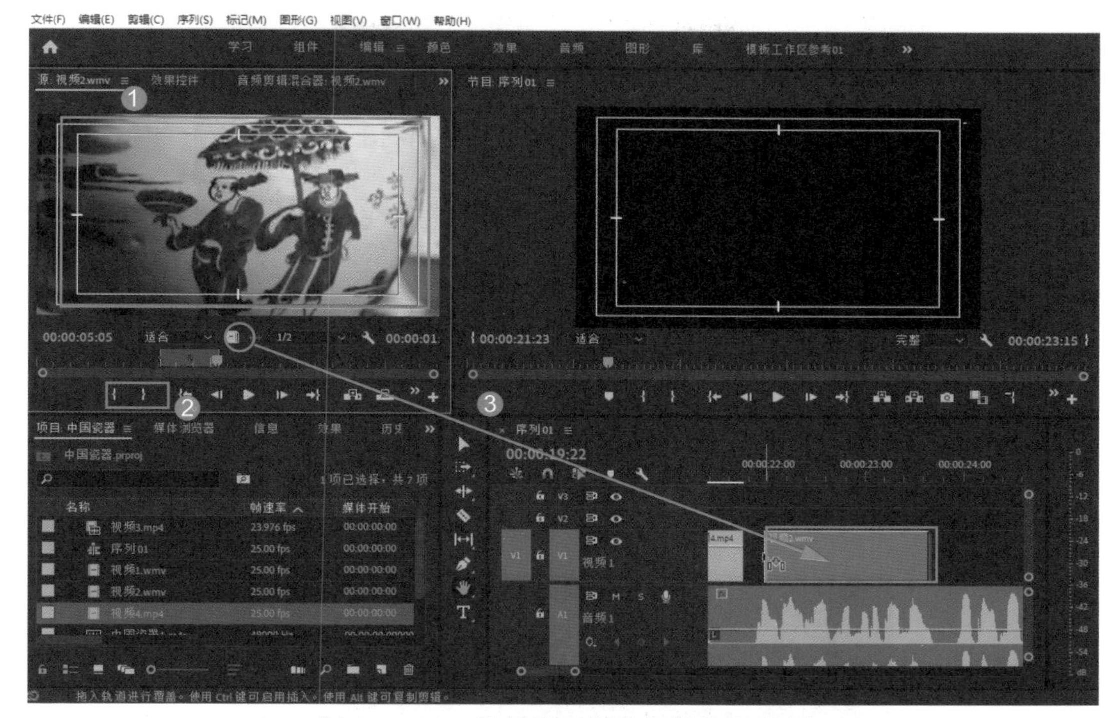

图 4-2-21 使用素材源监视器剪辑视频

完成全部视频素材的剪辑，缺少与解说词匹配的视频素材时，可以用图片填充空缺部分，为图片添加动画制造运动效果。视频剪辑结果如图 4-2-22 所示。

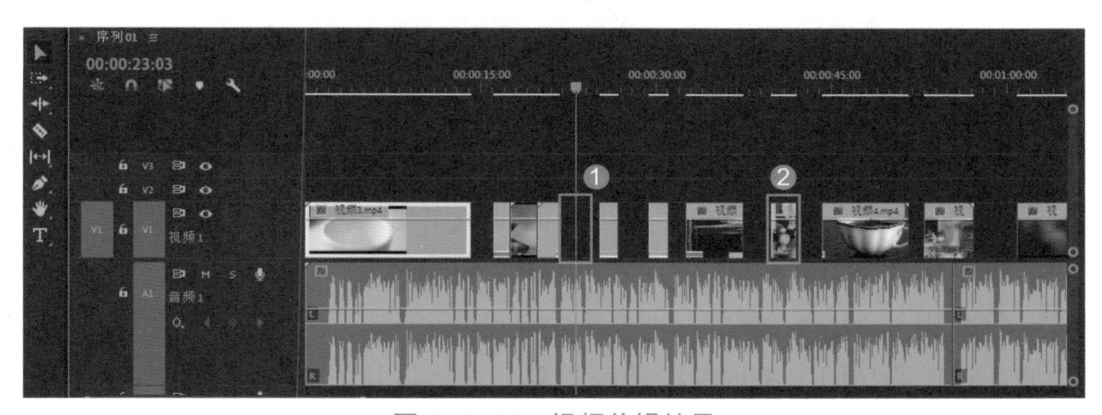

图 4-2-22 视频剪辑结果

（2）制作动画

较为简单的动画是制作素材基本参数的关键帧动画。为图片添加缩放、位移、旋转等效果，能使画面更生动。关键帧动画只需要记录动画初始和结束状态，中间的运动过程由软件自动生成。

步骤 1：在时间线面板中选择需要制作动画的素材，在左上方的效果控件面板中可以查看素材的基本参数。单击“缩放”和“位移”参数前的“切换动画”按钮，自动生成关键帧，记录当前状态，如图 4-2-23 所示。

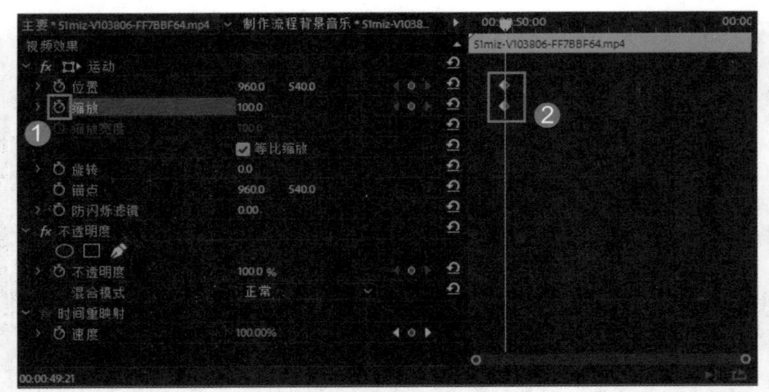

图 4-2-23　记录当前状态

步骤 2：将时间指针移动到动画结束的时间节点，修改“缩放”和“位移”参数，自动生成新的关键帧，记录运动结束状态如图 4-2-24 所示。单击空格键，查看动画效果。

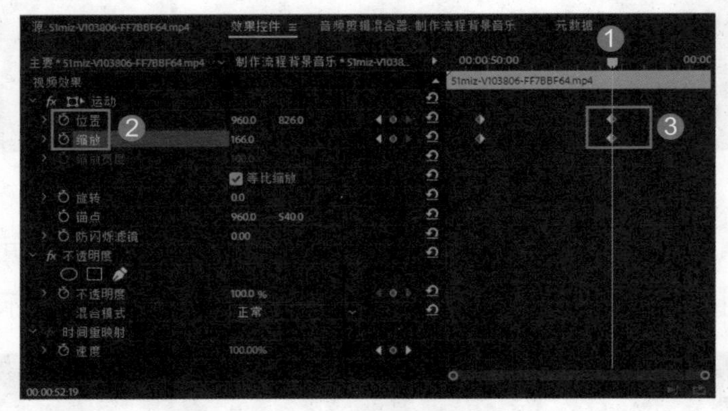

图 4-2-24　记录运动结束状态

（3）添加视频转场

为了保证镜头间的衔接过渡自然，可以适当添加视频转场。视频转场在左下方效果面板中的“视频过渡”文件夹里，“溶解”里的“白场过渡”“黑场过渡”“交叉溶解”是最常用的转场效果。

与添加音频转场相同，添加视频转场只需要直接将其拖拽到两个视频片段连接处即可，如图 4-2-25 所示。

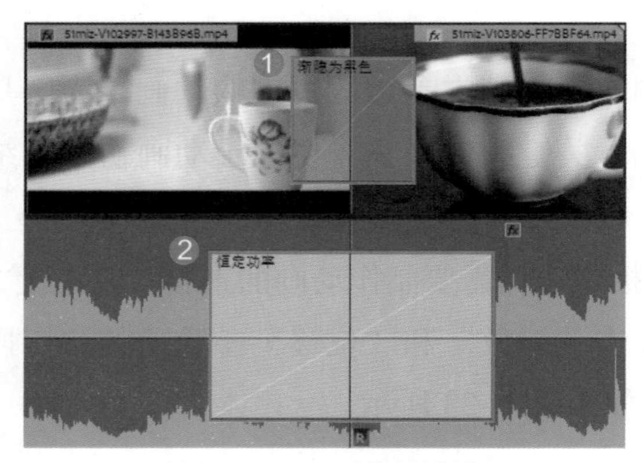

图 4-2-25　转场效果

3. 影片包装

影片包装是指给剪辑好的影片进行调色，添加片头片尾、解说词字幕和标注等内容。

（1）添加片头字幕

字幕主要包括解说词字幕、片头字幕和片尾字幕。片头字幕展示片名，片尾字幕通常使用滚动方式列出工作人员名单。字幕通常使用剪辑软件制作，解说词字数较多时，可以使用字幕工具软件制作。

这里使用“旧版标题”制作片头字幕。在菜单栏中执行“文件”→“新建”→“旧版标题”命令，打开字幕面板。使用左侧“文字工具”，单击画面，在出现的文字输入框中输入片名，在右侧区域调整文字属性，也可以选择下方预设。片头字幕如图 4-2-26 所示。

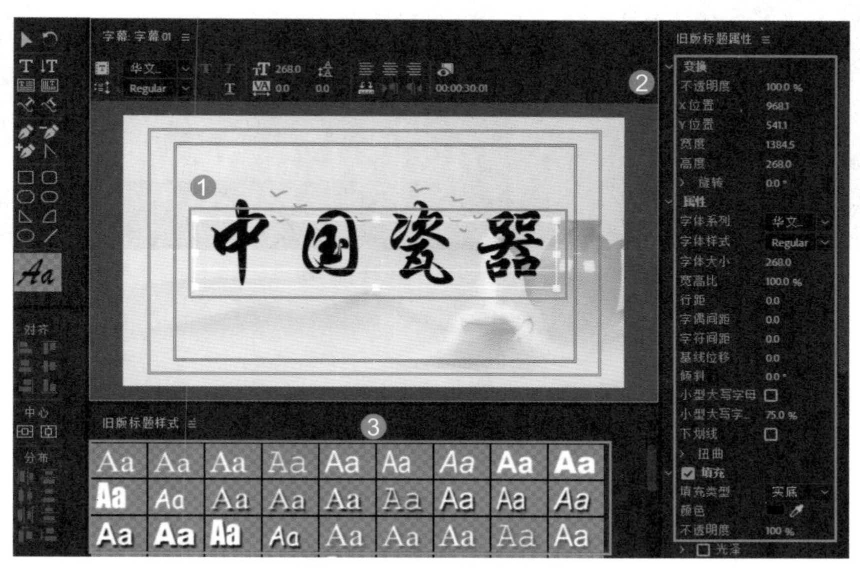

图 4-2-26 片头字幕

（2）添加解说词字幕

解说词字幕通常使用白字黑边或白字阴影，居中放置，去掉句末标点，如图 4-2-27 所示。

图 4-2-27 解说词字幕

（3）影片调色

影片调色包括将不同镜头的色调调为相同、根据题材调整整体色调。如有需要，还可以进行二级调色。在效果面板里找到“视频效果”→“颜色校正”→“Lumetri 颜色”

选项，拖拽到需要调色的视频片段上，在效果控件面板里就可以查看调色的各项参数。影片调色如图 4–2–28 所示。

一般情况下只需要对色调、对比度、饱和度等做简单调整。

图 4–2–28　影片调色

4. 渲染输出

（1）保存项目文件

在制作过程中需要随时进行保存操作，使用菜单栏中“文件”菜单中的“保存”或“另存为”命令即可。

粗剪完成后，在送交成片前还需要反复调整修改，此时要特别注意保存项目文件，每次修改后都应当使用“另存为”命令保存一个新文件，如图 4–2–29 所示。

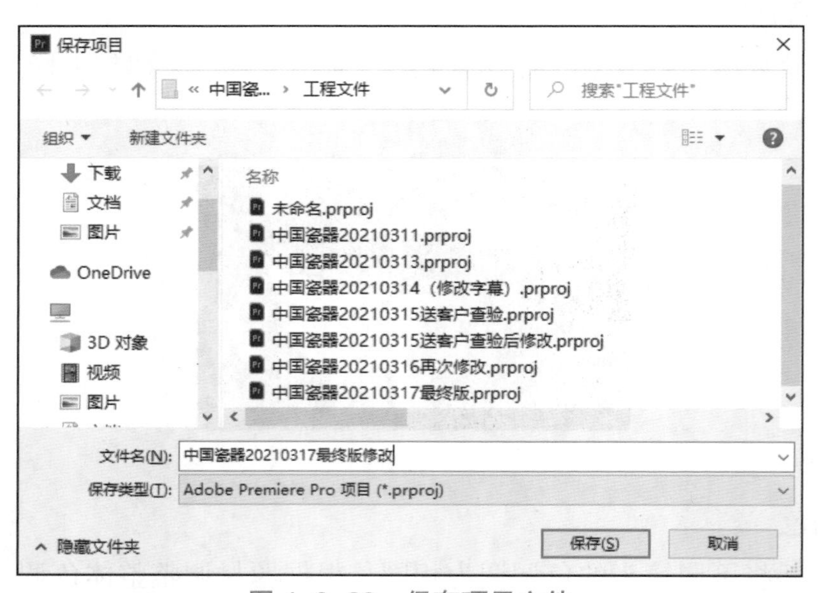

图 4–2–29　保存项目文件

（2）调整整体效果

检查视频、音频细节，完整播放，从整体效果方面查验。

（3）输出成片

执行菜单栏中的“文件”→“导出”→“媒体”命令，打开“导出设置”对话框。

“格式”选择“H264”，输出 MP4 文件；预设选择“匹配源 – 高比特率”，输出视频参数将与序列设置一致，如需手动设置，可以在下方“视频”“音频”标签里修改；“输出名称”处可以为视频命名，选择保存位置。最后单击“导出”按钮渲染成片，如图 4-2-30 所示。

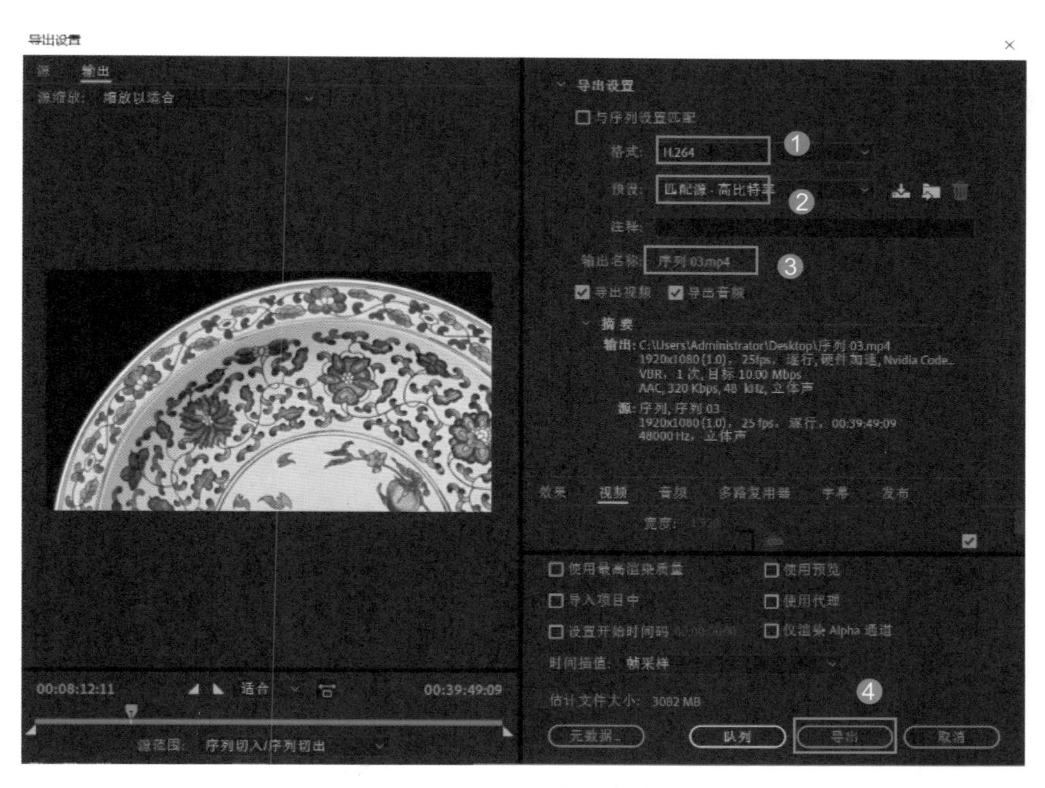

图 4-2-30　渲染成片

项目分享

方案 1：各工作团队展示交流项目，谈谈自己的心得体会，并选派代表分享交流。

方案 2：由学生代表与指导教师组成项目评审组，各工作团队制作汇报材料并进行答辩。

项目评价

请根据项目完成情况填涂表 4–2–5。

表 4–2–5　项目评价表

类　别	内　容	评　分
项目质量	1. 各个任务的评价汇总 2. 项目完成质量	☆☆☆
团队协作	1. 团队分工、协作机制及合作效果 2. 协作创新情况	☆☆☆
职业规范	1. 项目管理、实施环境规范 2. 项目实施过程、相关文档的规范	☆☆☆
建议		

注：“★☆☆”表示一般，“★★☆”表示良好，“★★★”表示优秀。

项目总结

本项目依据行动导向理念，将行业中的制作短片的典型工作过程转化为项目学习内容，共分为“制作规划”“前期准备”“后期制作”3个任务。在“制作规划”任务中介绍了如何沟通客户，根据制作需求制定拍摄计划，编写文稿和分镜头脚本；在“前期准备”任务中介绍了如何收集音频、视频素材，并对素材整理归类；在“后期制作”任务中介绍如何剪辑制作、合成输出短片，以及如何保存工程文件。

项目拓展　制作建党周年庆祝宣传视频

1. 项目介绍

铭刻辉煌瞬间，谨记不渝初心。在建党 ××× 周年纪念日到来之际，学校团委需要制作一个建党 ××× 周年庆祝宣传视频，用于活动宣传。

2. 预期呈现效果

1）短片为高清格式，能独立播放并上传到各视频平台，时长控制在 4 分钟内。

2）内容需要包括我党的历史、职责、成就。

3）内容需要与我校党建工作相联系。

4）采用实拍画面 + 动画 + 配音的方式制作。

5）内容资料翔实准确，影片风格恢宏庄重。

3. 项目资讯

1）如何收集、筛选、整理音频、视频素材？

____

____

____

2）剪辑短片时需要注意哪些方面？

____

____

____

4. 项目计划

绘制项目计划思维导图。

5. 项目实施

任务 1：编写脚本

（1）沟通制作需求

1）与学校团委沟通交流，了解其需求。

2）与学校有关部门沟通，收集学校党建资料。

（2）编写文稿、配音稿

1）根据收集的材料编写文稿，文稿需要交校团委审核，确认内容准确，符合思政要求。

2）根据文稿编写配音稿。

（3）制定制作计划

短片制作涉及的人员和工作较多，需要事先做好进度安排，制作进度安排如下表所示。表中的具体项目应根据具体制作要求调整。

工作序号	工作项目	工作安排	时间安排	负责人	辅助人员	备注
01	文稿编写	编写文稿				
02		稿件审核				
03	脚本编写	编写配音稿				
04		编写分镜头脚本				
05	前期准备	前期拍摄				
06		解说词配音				
07		收集整理音乐、音效素材				
08		收集整理图片、影像素材				
09	后期制作	音画合成				
10		影片包装				
11		初剪送学校审核				
12		修改与调整细节				
13		输出成片				

（4）编写分镜头脚本

编写分镜头脚本，脚本范例如下表所示。脚本的具体项目应根据制作需要调整。

片名________________

成片时长：________________

镜头编号	时长	内容	解说词	画面内容	素材类型	同期声	音乐	后期制作	备注
01									
02									

任务 2：前期准备

（1）现场拍摄

拍摄负责人联系摄像师和场地，按时完成现场拍摄任务。现场拍摄需要制作拍摄进度表，如下表所示。本任务还可能涉及现场录音。

镜头编号	拍摄时间	拍摄地点	镜头数量	画面内容	拍摄景别	拍摄角度	拍摄手法	设备

（2）收集音视频素材

1）收集视频素材。注意素材的质量和版权问题。

2）收集音频素材。注意素材的质量和版权问题。

3）解说词配音。

4）收集学校党建工作相关资料。

（3）素材的整理归类

1）检查素材是否合规。

2）整理素材并归类，以便于后期人员查找、使用。

任务 3：后期制作

（1）剪辑音频

1）对配音、现场录音降噪。

2）按照脚本完成音频剪辑。

（2）剪辑视频

1）按照脚本剪辑视频，选取的镜头内容应当与语音对应。

2）在语音停顿时切换画面，镜头衔接的位置根据需要添加转场。

（3）影片包装

1）根据制作需要添加动画、光效、标注等装饰性画面元素。

2）影片调色。

3）制作片头、片尾。

4）添加音效、背景音乐。

5）制作配音字幕。

（4）渲染输出

1）整理素材，保存工程文件。

2）输出相应格式的成片。

3）根据反馈意见修改。

6. 项目总结

（1）过程记录

记录项目实施过程中的各种情况，为工作总结提供依据，如表格不够，可自行加页。

序　号	内　容	思考及解决方法
1		
2		
3		

（2）工作总结

从整体工作情况、工作内容、反思与改进等几个方面进行总结。

7. 项目评价

内　容	要　求	评　分	教师评语
项目资讯（10分）	回答清晰准确，紧扣主题，没有明显错误		
项目计划（10分）	计划清楚，图表美观，能根据实际情况进行修改		
项目实施（60分）	实施过程安全规范，能根据项目计划完成项目		
项目总结（10分）	过程记录清晰，工作总结描述清楚		
态度素养（10分）	按时出勤、积极主动、清洁清扫、安全规范		
合计	依据评分项要求评分合计		

项目 3　有机茶园全景图制作

项目需求

小小的大伯家里有一片精心培育多年的有机茶园，每年生产的茶叶远近闻名。眼看今年的茶叶采摘季快到了，小小的大伯为了更好地展示自己的茶园，特意委托小小利用全景漫游的方式来解决这个问题。

项目分析

全景技术是将二维平面图片通过软件合成和渲染模拟成三维空间的技术。只要是需要空间展示的地方，都可以用全景方式展现。拍摄全景素材、合成全景图片、发布全景漫游等一系列的操作是小小需要完成的任务。项目结构如图 4–3–1 所示。

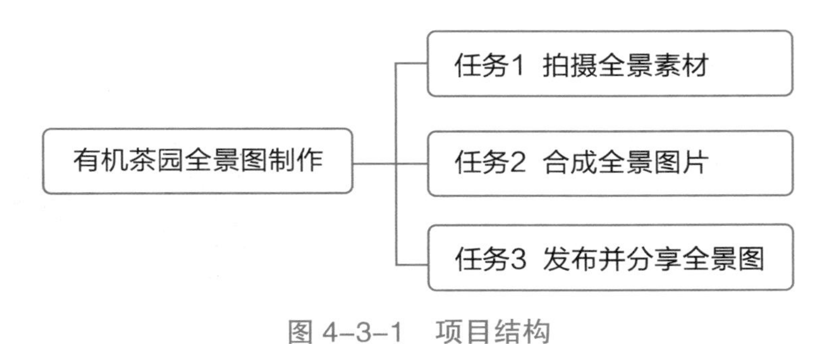

图 4–3–1　项目结构

学习目标

- 了解虚拟现实在生活中的应用，体验虚拟现实。
- 会使用工具创建简单的虚拟现实场景。
- 掌握全景漫游产品的制作流程。

任务 1 拍摄全景素材

任务描述

制作全景图的关键步骤之一在于素材拍摄，选择恰当的拍摄工具并正确的安装和拍摄，有利于提高拍摄效率和素材质量。

任务分析

首先确定拍摄位置，然后安装拍摄设备，最后进行素材的拍摄。任务路线如图 4-3-2 所示。

准备工作 → 拍摄素材图片

图 4-3-2 任务路线

拍摄全景图通常采用的设备有全景相机、数码相机、手机等（图 4-3-3）。使用全景相机的优势在于一次拍摄自动合成，劣势是价格昂贵。使用数码相机的优点是成像质量较高，劣势也是价格昂贵、后期合成繁琐。使用手机的优势在于便携、低成本，劣势是后期合成烦琐。小小根据自身预算选择手机作为本次全景图素材的拍摄设备。

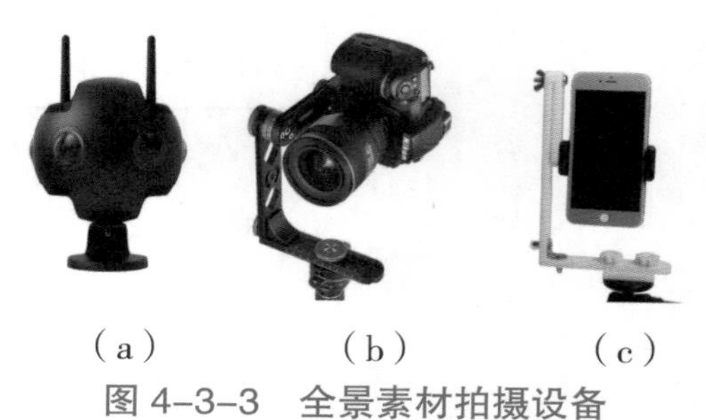

（a） （b） （c）

图 4-3-3 全景素材拍摄设备

（a）全景相机；（b）数码相机；（c）手机

全景的拍摄点位一般设置在拍摄区域中心，需要一块平整的区域作为设备架设区。

1. 准备工作

小小需要准备的工具有手机、云台、手机夹、三脚架。

步骤 1：将手机竖着夹在手机夹上。注意别夹住音量键。

步骤 2：将手机夹安装到云台上，手机摄像头与云台的垂直中心要保持在同一条垂线上，且当手机水平横置时摄像头也要对准云台中心，如图 4–3–4 所示。

步骤 3：将云台安装到三脚架上，并使三脚架保持水平。组装完毕的拍摄设备如图 4–3–5 所示。

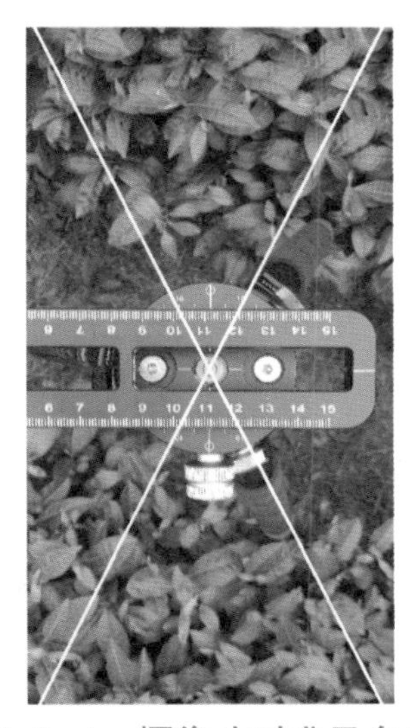

图 4–3–4　摄像头对准云台中心

图 4–3–5　组装完毕的拍摄设备

2. 拍摄素材图片

由于全景图拼接时需要获取图片间的相关信息，所以拍摄图片素材时，2 张相邻图片至少要留有 25% 的重合部分，这是后期拼接成功的关键所在。在拍摄时，为了保证后期拼接质量，小小选择了 30% 的重合率，如图 4–3–6 所示。经过测试，当云台旋转 22.5° 时能满足 30% 左右的重合率要求，即 360 ÷ 22.5=16，拍摄时，云台每旋转 22.5° 就拍摄一张图片，一共拍摄 16 张。

图 4–3–6　两张相邻图片重合率为 30%

光有水平视角的图片是远远不够的，既然全景要把人眼所见的信息全部拍摄成图片，还需要有仰角、俯角图片和正上、正下图片，与水平视角原理一样，这些图片也需要有至少 25% 的重合率。经过测试，小小所使用的手机仰角、俯角为 45° 时重合率为 30%，最终拍摄时仰角 45°，水平 22.5° / 张，共拍摄 16 张图片；俯角 45°，水平 22.5° / 张，共拍摄 16 张图片。另外，对于天空和地面需要补充拍摄图片，即对天和对地横、竖各拍 1 张。加上水平拍摄的 16 张，一共拍摄 52 张图片。拍摄角度如图 4-3-7 所示。

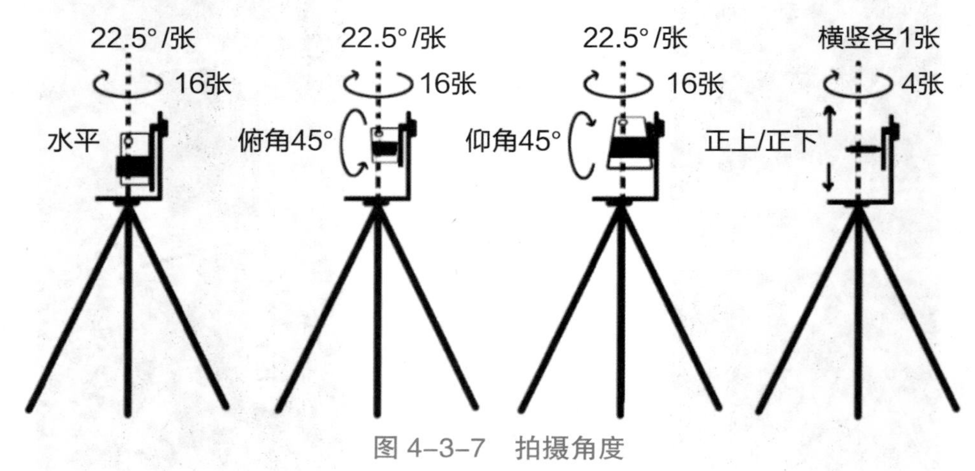

图 4-3-7 拍摄角度

不同手机由于其焦距不同，拍摄一圈所需要的张数也不同，需要现场根据实际情况决定。另外，拍摄图片时为了减少抖动，可使用耳机线控拍摄或语音控制拍摄。

任务 2　合成全景图

任务描述

素材拍摄完成后，还需要利用软件进行加工合成，将拍摄好的素材图片合成为一张全景图。

任务分析

使用 PTGui 软件合成全景图。将拍摄好的素材图片导入软件，按照顺序对素材进行处理，完成全景图的合成。任务路线如图 4-3-8 所示。

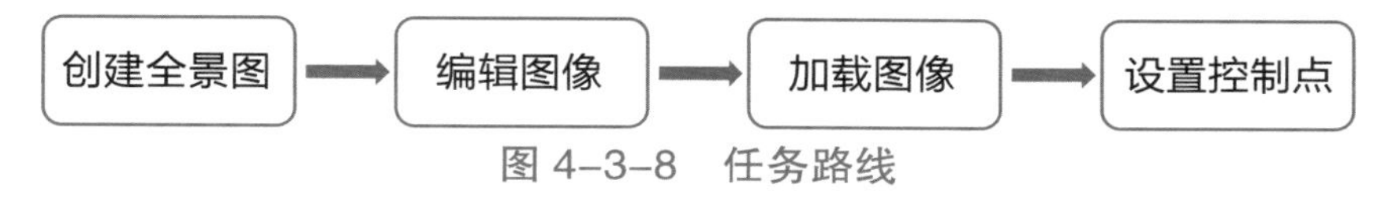

图 4-3-8　任务路线

任务实施

全景图合成的就是将多张图片进行拼接，删除重复区域，形成一套（一张或多张）全方位展示图片的过程。全景图合成软件有很多，如 PTGui、AutoPano Giga、Photoshop 等，但从易用性和合成效率上 PTGui 更胜一筹。下面以 PTGui10 作为合成工具进行全景合成。

1. 设置控制点

打开 PTGui 软件，在菜单栏中执行“工具”→“选项”命令，打开“首选项”对话框，在“控制点生成器”选项卡中将“生成最多 5 个控制点在每对图像”更改为“生成最多 150 个控制点在每对图像”，以增加拼接精度，如图 4-3-9 所示。

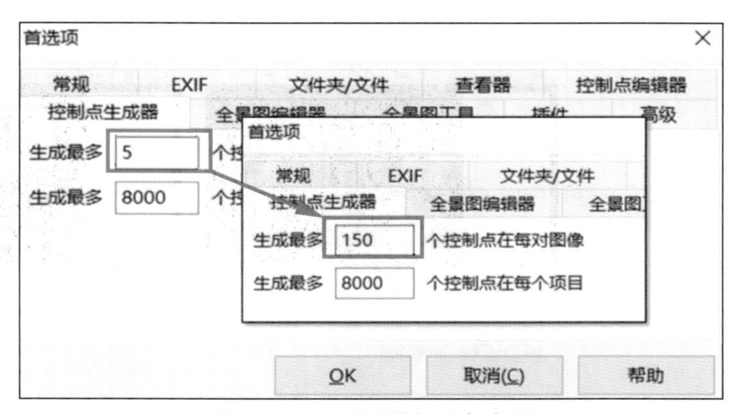

图 4-3-9　设置控制点参数

2. 加载图像

单击“1. 加载图像”按钮，在打开的“添加图片”对话框中将拍摄的 52 张图片全部选中，单击“打开”按钮，导入素材图片，如图 4-3-10 所示。

图 4–3–10　导入素材图片

单击“2. 对准图像”按钮，系统自动创建控制点并对准图像，如图 4–3–11 所示。

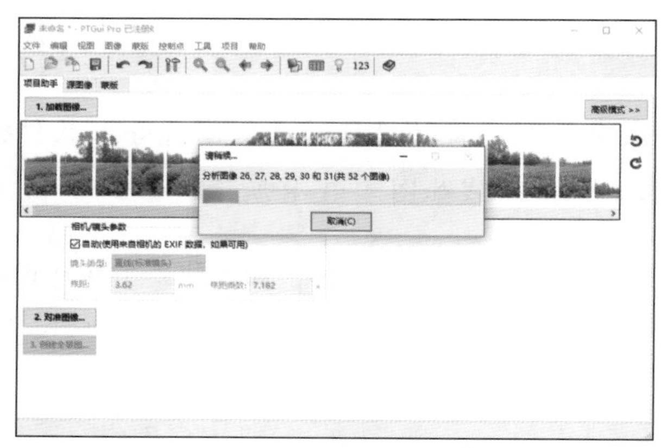

图 4–3–11　系统自动对准图像

软件分析完图片后，根据分析结果提示部分图片无法匹配，需要手动添加控制点，如图 4–3–12 所示。单击“是”按钮进入“控制点”选项卡。在左侧编号中选中 48 号，在右侧编号中选中 49 号，可以看到软件并未标注控制点，并且图片为白色，这是因为天空的颜色为白色。

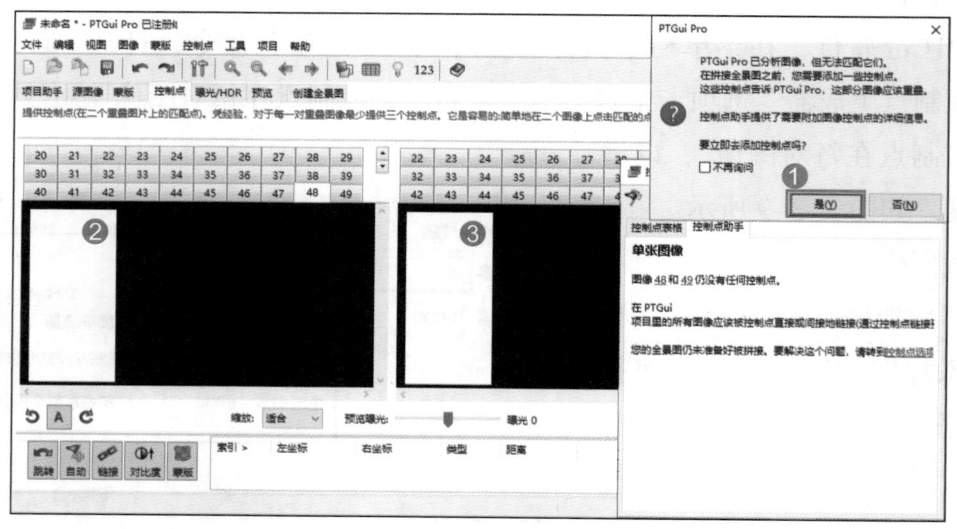

图 4–3–12　提示需要手动添加控制点

3. 编辑图像

单击“全景编辑器”按钮 打开全景编辑器，如图 4–3–13 所示。可以看到天空处（见图 4–3–13 ①）并无图片，而本该为天空的 48、49 号图却被重叠放在了 11、12 号图中间（见图 4–3–13 ②），使水平视角产生了差错，这就需要将 48、49 号图拖拽到图 4–3–13 ①的位置来补充天空。

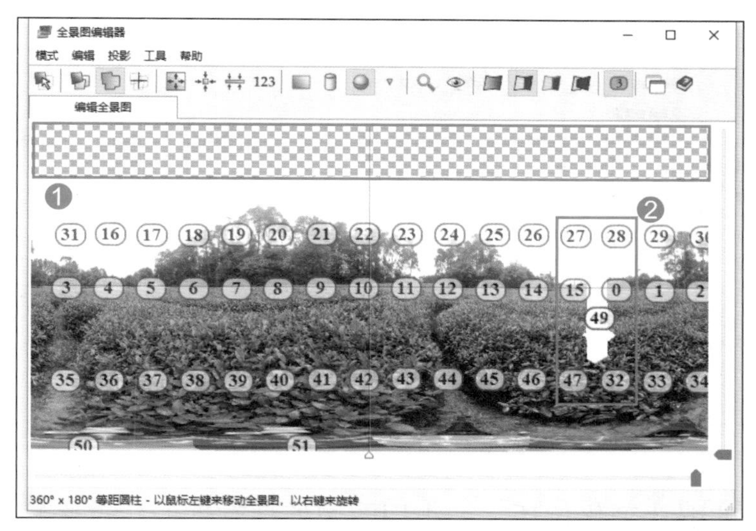

图 4–3–13　打开全景编辑器

单击“编辑单张图像”（见图 4–3–14 ①）和“选择鼠标指针下的图像”（见图 4–3–14 ②）两个按钮，打开对应功能。并拖拽 48、49 号图到天空位置（见图 4–3–14 ③）。调整完毕后，按 F5 键优化调整结果。调整 48、49 号图位置如图 4–3–14 所示。

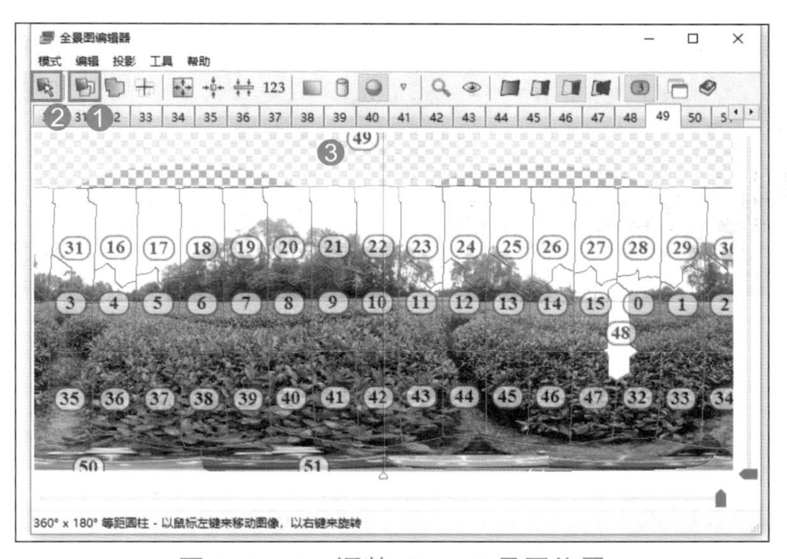

图 4–3–14　调整 48、49 号图位置

4. 创建全景图

通过“预览”功能对生成的全景图像进行低分辨率预览，此时发现天空中有未被填满的地方，小小经过思考决定在生成高分辨率全景图后用图像处理软件修复。设置全景

图参数时检查宽度应在 20 000 像素以上且保持纵横比为 1∶2（见图 4–3–15 ①），设置输出文件路径（见图 4–3–15 ②），单击“创建全景图”按钮（见图 4–3–15 ③）。

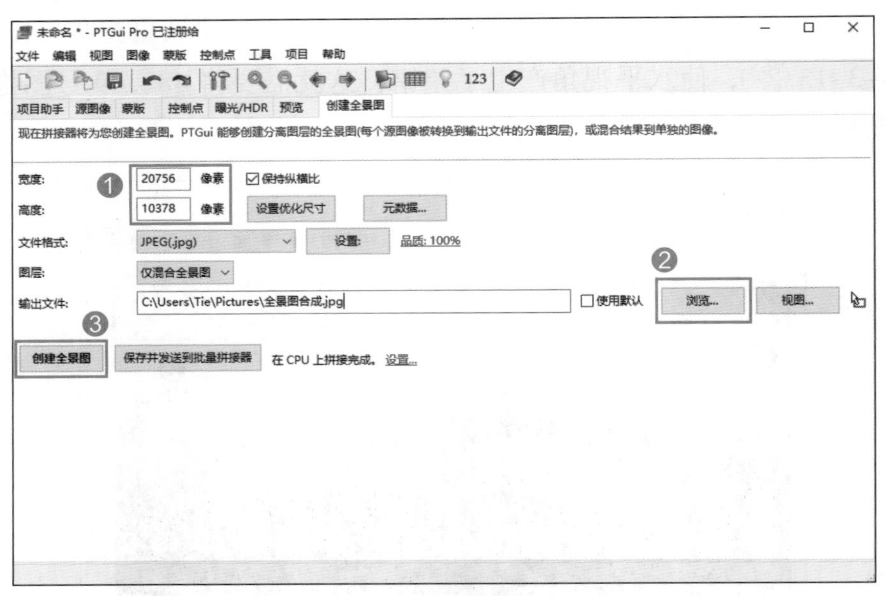

图 4–3–15　创建全景图

利用前面学到的图片美化技巧，小小用图像处理软件的污点修复功能修复了全景图中天空的黑色部分，得到了完美的全景图。最终效果如图 4–3–16 所示。

图 4–3–16　最终效果

发布并分享全景图

任务描述

合成全景图后，需要将其发布到全景网站上才能被浏览和推广。本任务通过百度 VR 全景平台实现全景漫游。

任务分析

将合成好的全景图在网站上进行发布。任务路线如图 4-3-17 所示。

图 4-3-17　任务路线

1. 上传素材

打开百度 VR 全景平台，选择“创建作品”→“全景图”选项，如图 4-3-18 所示。

图 4-3-18　创建作品

单击“上传素材”按钮，将制作好的全景素材上传至平台，如图 4–3–19 所示。

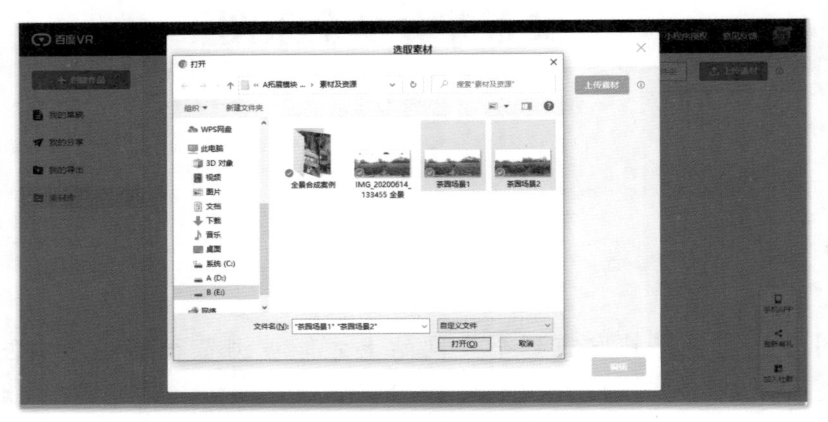

图 4–3–19　上传全景素材

待上传完成后，选中上传的素材单击“编辑”按钮，如图 4–3–20 所示。

图 4–3–20　编辑全景图

2. 编辑场景

在“视角”功能中，用鼠标拖动全景图调整到合适的初始视角，单击画面中的“设定初始视角”按钮，然后单击“保存”按钮，如图 4–3–21 所示。

图 4–3–21　设定初始视角并保存

进入“热点”功能，单击“场景切换”按钮，将热点图标定位在合适位置，如图 4–3–22 所示。

图 4–3–22　添加场景切换热点

单击“选择目标场景”按钮后选择需要切换到的场景，如图 4–3–23 所示。用同样的方法在另一个场景中添加场景切换热点。

图 4–3–23　设置目标场景

3. 保存与预览

保存后，单击“预览”按钮查看效果，如图 4–3–24 所示。

图 4–3–24　预览全景

退出编辑界面后，通过作品右上角分享全景作品，如图 4–3–25 所示。

图 4–3–25　分享全景作品

项目分享

方案 1：各工作团队展示交流项目，谈谈自己的心得体会，并选派代表分享交流。

方案 2：由学生代表与指导教师组成项目评审组，各工作团队制作汇报材料并进行答辩。

项目评价

请根据项目完成情况填涂表 4–3–1。

表 4–3–1 项目评价表

类 别	内 容	评 分
项目质量	1. 各个任务的评价汇总 2. 项目完成质量	☆☆☆
团队协作	1. 团队分工、协作机制及合作效果 2. 协作创新情况	☆☆☆
职业规范	1. 项目管理、实施环境规范 2. 项目实施过程、相关文档的规范	☆☆☆
建议		

注：“★☆☆”表示一般，“★★☆”表示良好，“★★★”表示优秀。

项目总结

本项目依据行动导向理念，将制作全景漫游的典型工作过程转化为项目学习内容，共分为“拍摄全景素材”“合成全景图”“发布并分享全景图”3个任务。在“拍摄全景素材”任务中介绍了如何调试设备、拍摄全景素材；在“合成全景图”任务中介绍了如何操作软件，将拍摄好的素材图片合成为一张全景图；在“发布并分享全景图”任务中介绍了如何选择网络发布平台，上传制作好的全景图。

制作校园全景图

1. 项目介绍

学校开放日即将到来，校园电视台准备制作一套以“我们的校园”为主题的系列全景图介绍，从而使校外参观人员快速了解校园环境，达到宣传目的。

2. 预期呈现效果

1）能够清楚展示学校大门。

2）能够清楚地了解到整个校园的全貌。

3）能够在教室中心清楚地了解到整个教室的全貌。

4）能够在不同位置展示教室。

5）配有相应的背景音乐，具有趣味性。

6）条件允许的情况下，配以解说。

3. 项目资讯

1）全景图的基本制作流程是____________________

____

____

2）常用的全景图制作的设备和软件有哪些？

____

____

3）选用哪些设备和软件制作我们的校园全景图？

____

____

4. 项目计划

绘制项目计划思维导图。

5. 项目实施

任务 1：全景素材拍摄

（1）准备工作

1）确认拍摄地点。

2）准备拍摄设备。

3）安排相关人员。

4）准备后期应用的音乐和介绍。

（2）拍摄素材图片

1）根据需求拍摄校园。

2）根据需求拍摄教室。

任务 2：合成全景图片

（1）设置控制点

（2）加载图像

（3）编辑图像

（4）创建全景图

任务 3：发布全景漫游

（1）上传素材

注意不同发布平台的具体操作流程。

（2）编辑场景

1）编辑场景和转场。

2）添加背景音乐等。

（3）保存与预览

6. 项目总结

（1）过程记录

记录项目实施过程中的各种情况，为工作总结提供依据，如表格不够，可自行加页。

序　号	内　容	思考及解决方法
1		
2		
3		

（2）工作总结

从整体工作情况、工作内容、反思与改进等几个方面进行总结。

7. 项目评价

内容	要求	评分	教师评语
项目资讯（10分）	回答清晰准确，紧扣主题，没有明显错误		
项目计划（10分）	计划清楚，图表美观，能根据实际情况进行修改		
项目实施（60分）	实施过程安全规范，能根据项目计划完成项目		
项目总结（10分）	过程记录清晰，工作总结描述清楚		
态度素养（10分）	按时出勤、积极主动、清洁清扫、安全规范		
合计	依据评分项要求评分合计		

专题5 三维数字模型绘制

计算机辅助设计技术和计算机图形学近年来发展迅猛，一跃成为当前网络信息时代的核心技术之一。三维设计是新一代数字化、虚拟化、智能化设计平台的基础。它是建立在平面和二维设计的基础上，让设计目标更立体化、更形象化的一种新兴设计方法。三维设计技术通过三维设计软件，能够将设计者所设计的元件通过三维模型逼真地呈现出来，从而指导企业根据模型进行生产，大大提高了产品性能和企业生产效率。如今，三维设计技术进入企业应用的速度非常惊人，已经广泛应用于各个行业，工业设计、影视、游戏、广告媒体、室内设计等都离不开三维设计技巧。

部分常见的三维设计软件有：3D One Plus 软件，该软件在满足专业人群使用需求的同时，也适合非专业人群，能轻松实现建模、装配和动画等功能；CAXA 3D 软件，该软件主要面向工业的三维设计；AutoCAD 软件，该软件符合现代图学教育体系的传统思维，是二维设计软件最早的代表；3ds Max 软件，该软件是基于计算机终端操作系统的三维动画渲染和制作；SolidWorks 软件，该软件易学易用，能让使用者轻松掌握建模的流程和立体概念。

本专题设置三个实践项目：手机支架模型设计、室内装修模型设计、创意花瓶模型设计。在教学实施时，可根据不同专业方向选择具体的实践项目。三个项目的内容要求简要描述如下：

1. 手机支架模型设计：能根据业务需要规划、设计机械类三维数字模型，并选用合适的方式发布模型。

2. 室内装修模型设计：能根据业务需求规划、设计建筑类三维数字模型，并选用合适的方式发布模型。

3. 创意花瓶模型绘制：能根据业务需求规划、设计创意类三维数字模型，并选用合适的方式发布模型。

项目 1 手机支架模型设计

项目背景

对现代人的影响，也许是手机的发明者从未想过的。现在手机已是人们随身必备装备，通信用它，支付用它，闲暇时候，听音乐、看视频还是用它。

小小周末空闲的时候，也喜欢用手机看各种设计视频。将手机握在手里，时间长了感觉很累，小小萌生了自己设计一款手机支架的念头。小小向三维设计创客团队成员说出自己的想法，大家都有同感，就立即行动起来。

项目分析

小小所在的三维设计创客团队对项目进行了初步分析，拟定了项目计划并划分了任务组开展工作。首先由市场调研组调研人们使用手机支架的详细情况，收集、整理人们的需求，绘制出手机支架草图；然后由模型设计组根据草图初步绘制出满足用户需要的手机支架模型，并打印出三维模型进行试用，再根据试用反馈情况对模型进行修改；最后根据具体情况安排进行网络发布、三维模型的打印等。项目结构如图 5–1–1 所示。

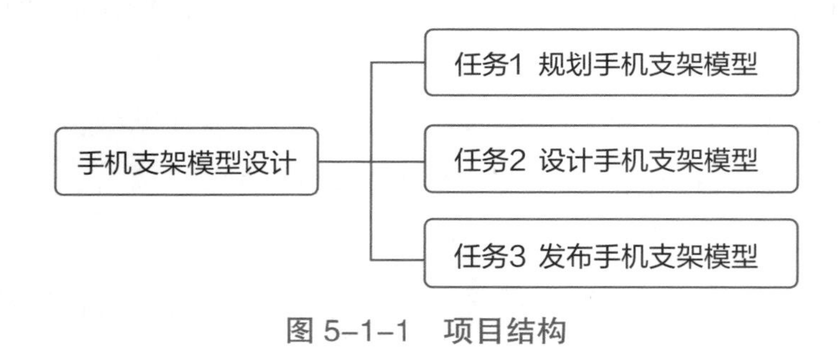

图 5–1–1 项目结构

学习目标

- 能根据业务需要规划、设计简单模型。
- 能运用三维建模工具绘制简单的机械三维数字模型。
- 会选用合适的方式发布模型。

规划手机支架模型

任务描述

三维设计创客团队市场调研组进行广泛调研，收集、整理人们对手机支架的功能需求，在此基础上绘制出手机支架草图，为后续的模型设计工作做准备。

任务分析

市场调研组成员广泛调研，收集、整理人们对手机支架的功能需求，并对收集整理的资料进行研究、分析、讨论，决定先列出手机支架的功能清单，再根据功能清单拟定、优化、确定手机支架的基本结构，最后绘制手机支架草图。任务路线如图5-1-2所示。

图 5-1-2 任务路线

任务实施

1. 需求调研

需求调研有观察法、体验法、单据分析法、报表分析法、问卷调查法、访谈法、需求调研会等方式。

小提示

调查问卷根据使用的场景不同，可分为线上问卷、线下问卷。随着信息化的发展，线上问卷使用越来越普遍。线上问卷可使用问卷星、腾讯问卷等平台制作。

（1）线下问卷调查

市场调研任务组成员制作了如表5-1-1所示的手机支架需求线上问卷收集表。

表 5-1-1　手机支架需求调查问卷

调查问题	选项（勾选）
您的年龄	○ 10~20　○ 21~40　○ 41~60　○其他
您使用过手机支架吗	○使用过　○没使用过
您是哪类人群	○学生　○上班族　○退休在家　○其他
您喜欢什么风格的手机支架	○简约　○科技感　○创意独特　○可爱　○其他
您喜欢什么材质的手机支架	○金属　○木头　○塑料　○亚克力　○硅胶
您喜欢什么色系的手机支架	○冷色系　○暖色系　○与手机风格色系一致 ○无特殊要求
您手机支架使用的场景	○休息时　○火车或飞机上　○桌面　○其他
您手机支架的必要功能是	○便于携带　○可调节角度　○易固定手机　○其他
您认为手机支架的合适尺寸是	○与手机比例合适　○小巧易收纳　○大于手机尺寸 ○能支撑手机就行
目前市场上的手机支架存在的问题	○不美观　○不易携带　○质量差　○不灵活　○其他
您对手机支架的其他要求	○稳固性强　○不刮伤手机　○表面光顺 其他要求建议：

（2）线上问卷调查

①线上问卷调查表可以使用手机微信中的小程序制作。具体制作请参考如下步骤：

在手机微信小程序搜索栏输入“问卷”，会出现很多关于问卷的小程序，点击其中一个进入小程序，可以根据如图 5-1-3 所示示范步骤进行操作。

②点击下方的“保存”按钮完成调查问卷制作。

图 5-1-3　创建问卷调查表

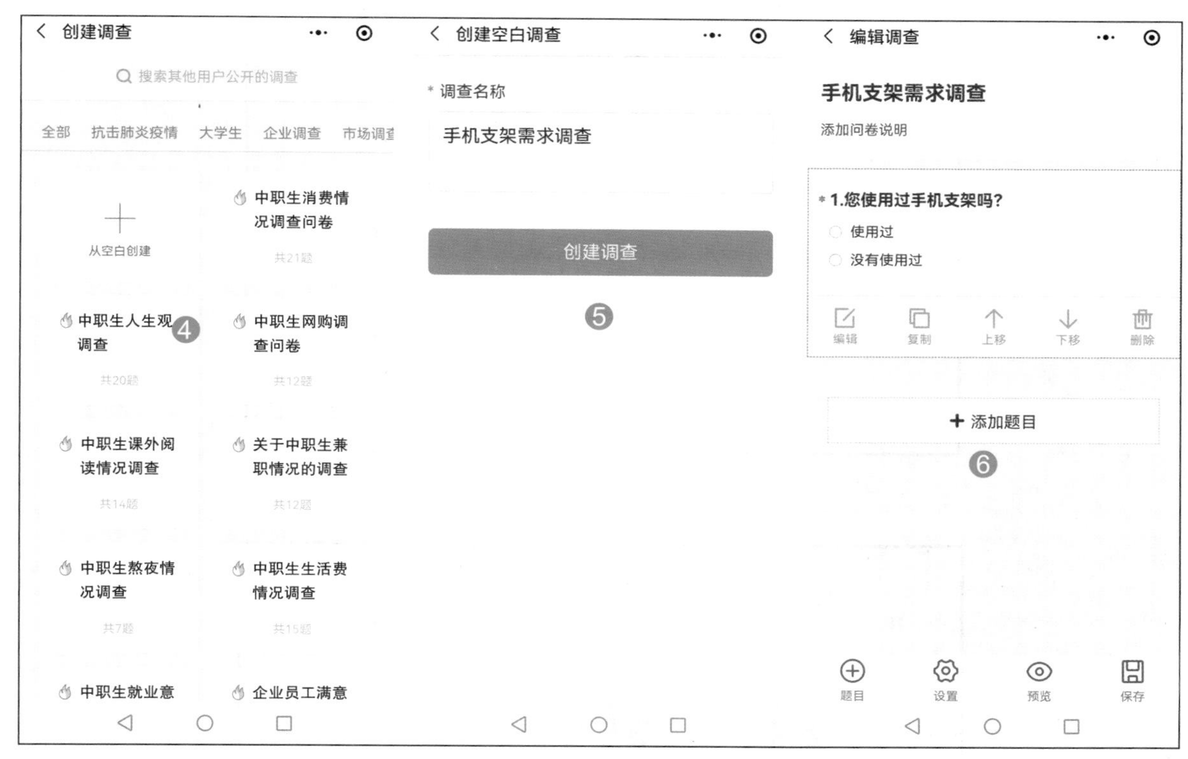

图 5–1–3　创建问卷调查表（续）

（3）信息收集

将问卷保存后发送到问卷调查群，定时收集信息。

2. 功能分析

（1）调研数据汇总

根据调查表收集使用手机支架的人群、手机支架的功能与风格等数据信息。

手机支架使用情况调查数据如图 5–1–4 所示；手机支架使用人群年龄段调查数据如图 5–1–5 所示；手机支架使用人群类别调查数据如图 5–1–6 所示。

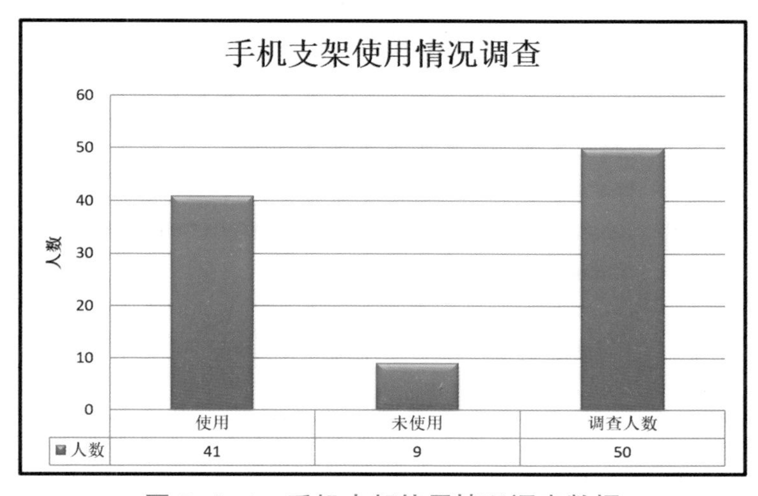

图 5–1–4　手机支架使用情况调查数据

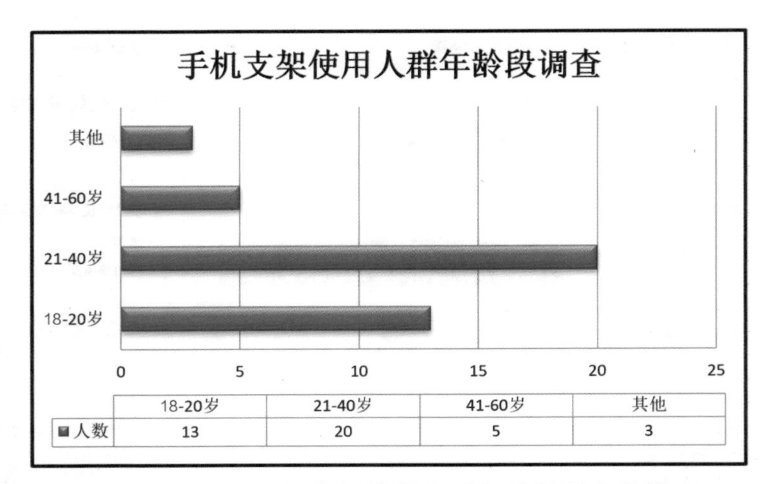

图 5-1-5　手机支架使用人群年龄段调查数据

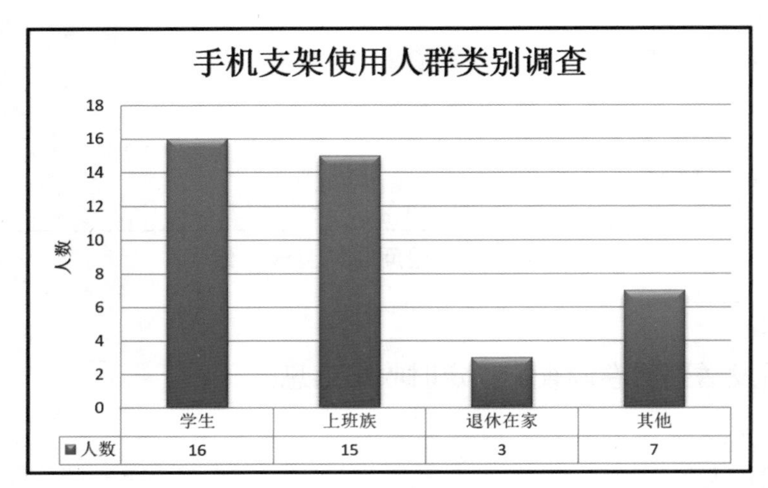

图 5-1-6　手机支架使用人群类别调查数据

手机支架材质与风格偏好调查数据如图 5-1-7 所示；手机支架功能偏好调查数据如图 5-1-8 所示。

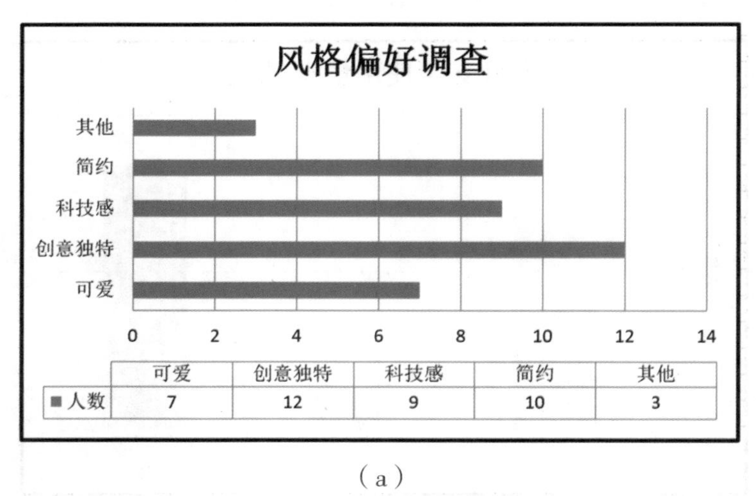

（a）

图 5-1-7　手机支架材质与风格偏好调查数据

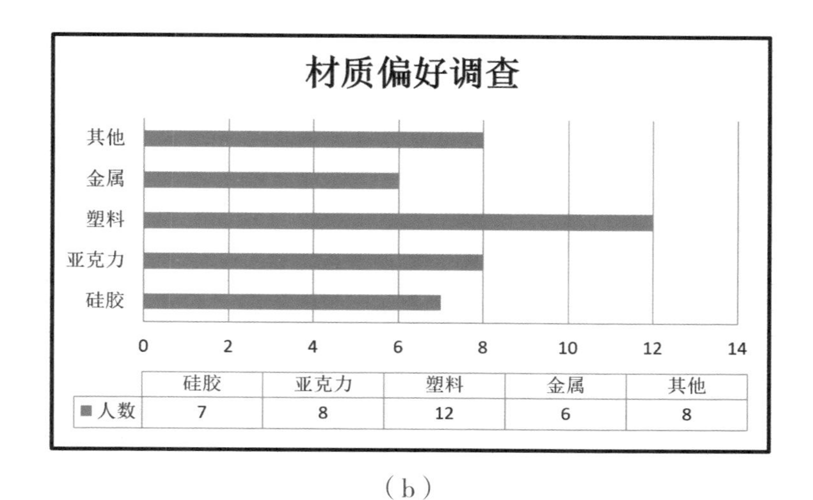

（b）

图 5-1-7　手机支架材质与风格偏好调查数据（续）

（a）风格偏好；（b）材质偏好

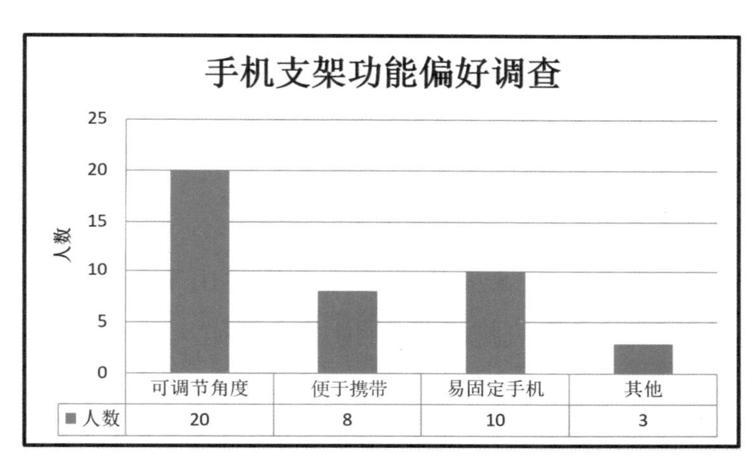

图 5-1-8　手机支架功能偏好调查数据

（2）调研结果分析

综合调查数据，需要设计制作一个可调节角度、材质不易刮伤手机、外形创意独特的手机支架。调查结果如表 5-1-2 所示。

表 5-1-2　手机支架问卷调查结果

手机支架需求项目	手机支架需求偏好	手机支架需求项目	手机支架需求偏好
风格	创意独特	颜色	暖色系
材质	塑料	使用场景	桌面
必要功能	可调节角度	存在问题	不灵活

结合调查结果，最终设想的手机支架设计概念图如图 5–1–9 所示。

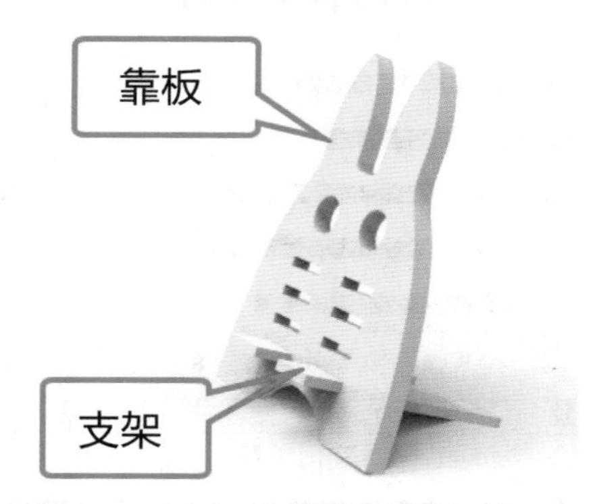

图 5–1–9 手机支架设计概念图

3. 绘制草图

“草图”一词分开来讲，“草”说明是初始化表达设计或者形体概念的阶段，能够表达初期的意向和概念。“图”则说明其具有的图纸特点和大致的比例与形体的准确度。因此，草图以能够说明基本意向和概念为佳。草图通常不要求很精细，但是绘制草图是专业技术人员必备的能力。

绘制草图时，需要确定设计事物的实际尺寸，按照实际尺寸的一定比例进行绘制。

小组成员有了完整的构思，就需要用草图把它表达出来，徒手绘制草图的过程也是一种练习的过程。可以用草图尽快把自己的构思表达出来，这是一种很有使用价值的技能。

有了构思后，需要分别对手机支架的不同部分进行草图绘制。

①支架部分示意图，如图 5–1–10 所示，此图仅供学生绘制草图时参考。

②靠板部分示意图，如图 5–1–11 所示，仅供参考。

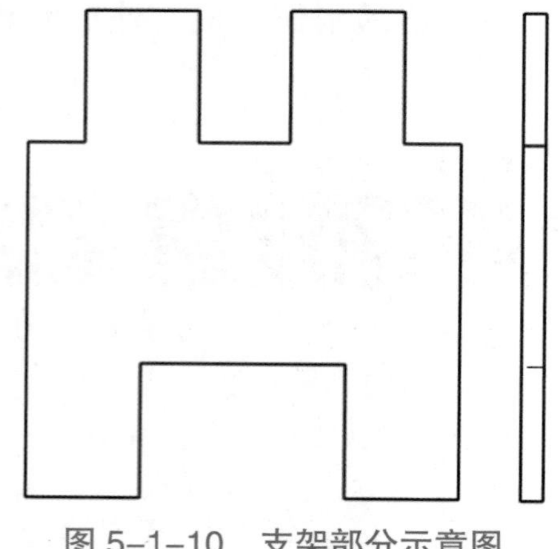

图 5–1–10 支架部分示意图

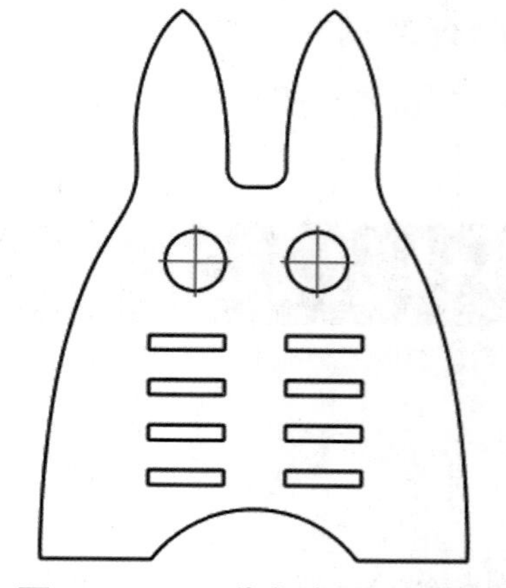

图 5–1–11 靠板部分示意图

设计手机支架模型

任务描述

三维设计创客团队模型设计组根据模型草图绘制出手机支架，并输出三维模型交付试用，根据试用情况修改、确定手机支架模型。

任务分析

模型设计组对市场调研组提供的资料、草图组织了充分的研讨，决定使用 3D One Plus 三维设计软件绘制出手机支架，并采用 3D 打印技术选用合适的材料打印出三维模型，然后将模型交给市场调研组组织用户试用，收集、整理对模型的修改建议，最后再由模型设计组对模型进行修改、完善，得到最终的手机支架三维模型。任务路线如图 5-1-12 所示。

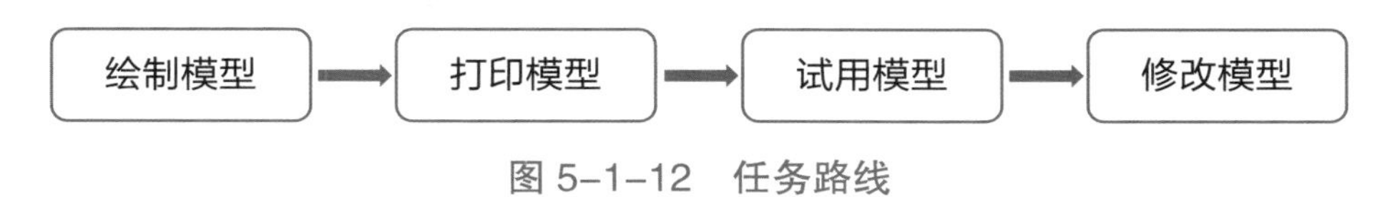

图 5-1-12　任务路线

部分常见的三维设计软件简介见表 5-1-3。

表 5-1-3　部分常见的三维设计软件简介

序号	软件	主要特点
1	中望 3D	操作简单灵活，可混合建模，装配仿真功能强大
2	3D One Plus	满足专业人群使用需求的同时，也适合非专业人群，能轻松实现建模、装配和动画等功能

续表

序号	软件	主要特点
3	CAXA 3D	简单易学，面向工业的三维设计软件
4	AutoCAD	二维设计软件最早的代表，简单易学，符合现代图学教育体系的传统思维
5	3ds MAX	基于 PC 系统的三维动画渲染和制作
6	SolidWorks	易学易用，轻松掌握建模的流程和立体概念

1. 绘制模型

（1）确定手机支架尺寸

测量身边的两款不同品牌手机的长宽尺寸分别是 165mm × 75mm 和 145mm × 70mm，同学们可根据实际的使用情况确定制作的手机支架尺寸。

（2）靠板建模

步骤 1：单击视图导航器上的“上”，单击“草图绘制”中的“通过点绘制曲线”命令，绘制如图 5-1-13 所示的靠板基础框架。

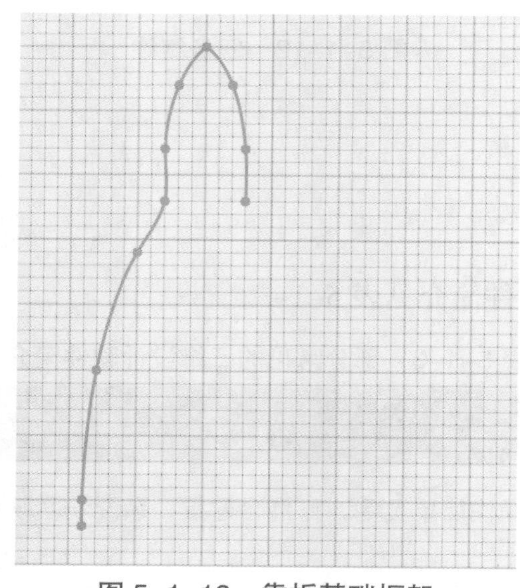

图 5-1-13　靠板基础框架

步骤 2：单击“基本编辑”中的“镜像”命令，镜像靠板基础框架，如图 5-1-14 所示，使用直线将两部分连接起来。

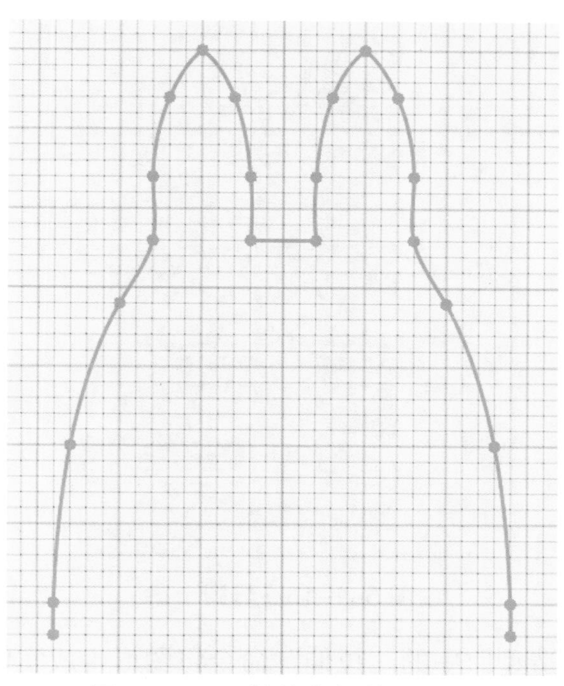

图 5–1–14　镜像靠板基础框架

步骤 3：继续使用“草图绘制”中的“直线”“圆”等命令绘制图形，然后使用“草图编辑”中的“圆角”命令在直线连接处做圆角处理，如图 5–1–15 所示。

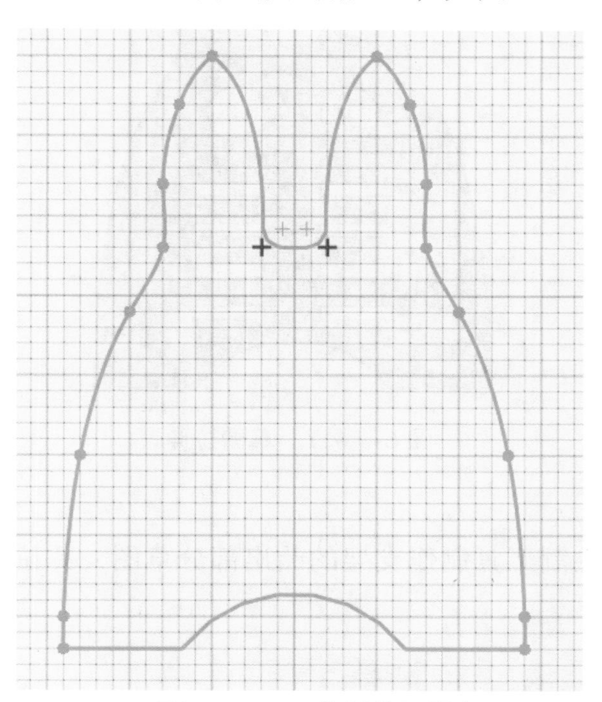

图 5–1–15　靠板草图圆角处理

步骤 4：补全内部眼睛和卡口部分，再使用“基本编辑”中的“阵列”工具完成全部卡口，如图 5–1–16 所示。

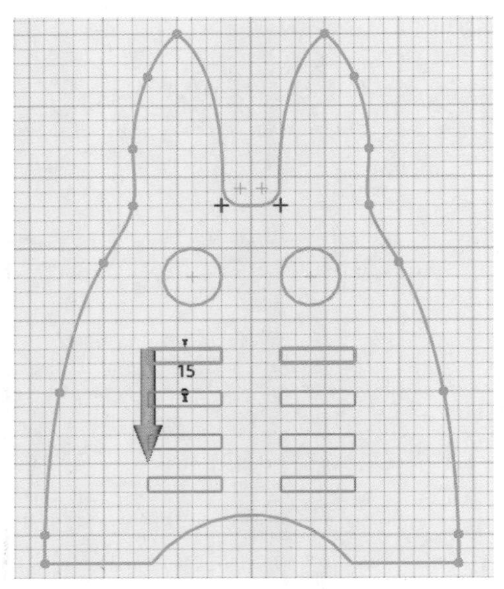

图 5–1–16　阵列卡口

步骤 5：利用“特征造型”中的“拉伸”命令将图形生成实体，如图 5–1–17 所示。

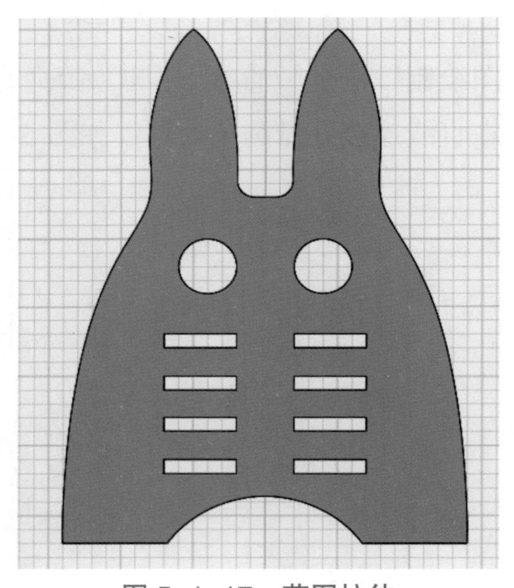
图 5–1–17　草图拉伸

（3）支架部分建模

步骤 1：利用草图绘制工具制作支架的凸出部分草图，并拉伸成实体，如图 5–1–18 所示。

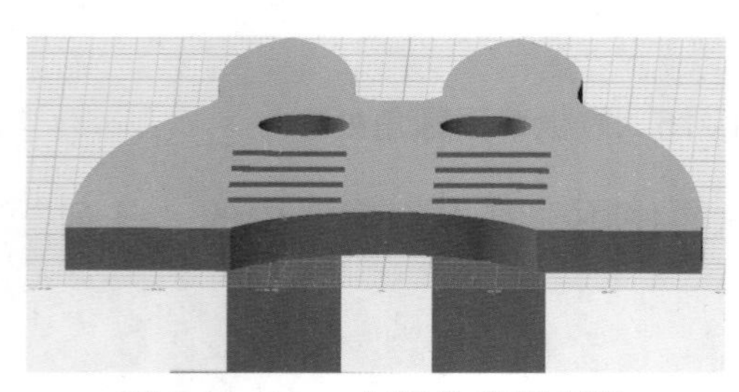
图 5–1–18　支架凸出板制作

由于靠板与支架采用插接结构，设计时需要注意配合公差。

步骤 2：利用草图绘制工具绘制支架支撑板部分的草图，然后拉伸为实体，如图 5-1-19 所示。至此，手机支架制作完成，如图 5-1-20 所示。

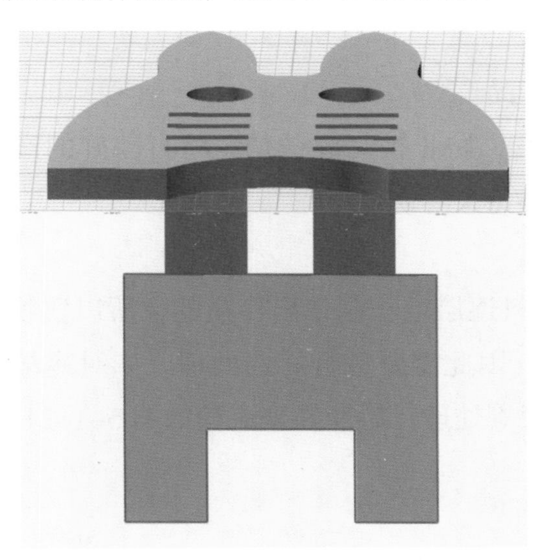

图 5-1-19　支架支撑板绘制

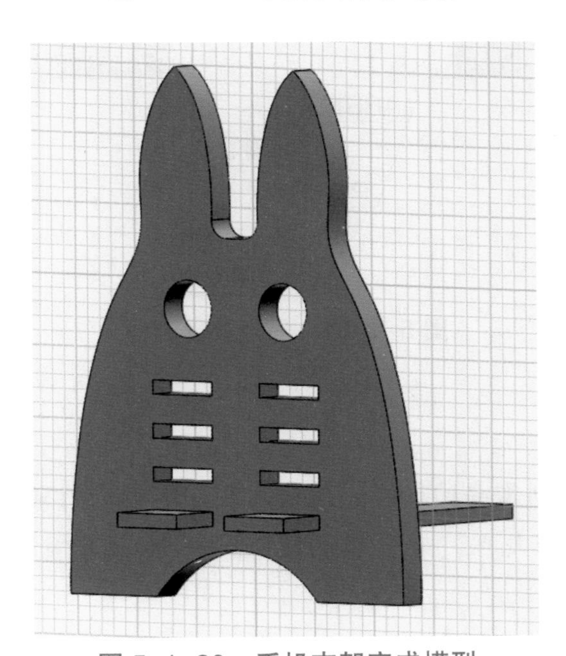

图 5-1-20　手机支架完成模型

2. 打印模型

（1）文件转换

将建模完成的手机支架模型导出为 .STL 文件。

（2）模型切片（以 Cura 开源切片软件为例）

在切片软件中打开 .STL 文件，然后等待切片。切片完成后，导出 .gcode 文件。

（3）文件转存

将生成的 .gcode 文件存入 U 盘或 SD 卡。

（4）3D 打印机设置

将 U 盘或 SD 卡插入打印机，做好调平、涂打印胶等一系列打印准备，启动打印机开始打印。

（5）打印结束后移出产品

打印结束后，戴上手套，防止被高温烫伤，将打印好的产品从机器里取出，这时应采取相应的保护措施，以避免人身伤害。

（6）模型物化后处理

3D 打印是通过熔化材料逐层堆积制作出作品的，所以实物表面会出现结节、分层印记等，让表面粗糙不光滑，因此需要进行后期处理。如对冷却后的模型进行打磨，按照设计的效果对模型进行喷漆等处理。后期处理流程如图 5–1–21 所示。

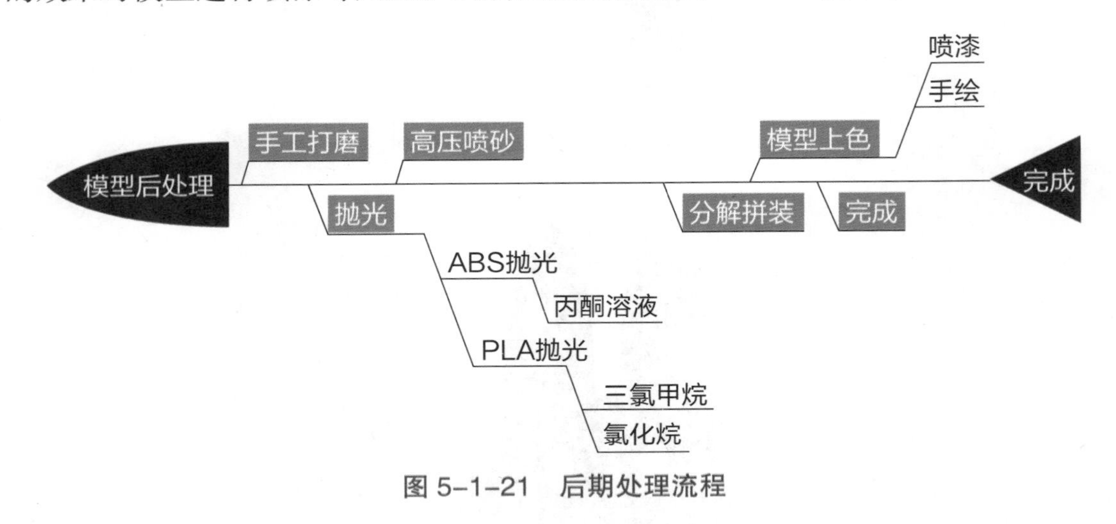

图 5–1–21　后期处理流程

后期处理时，如有特别需要的话，一般使用化学溶剂进行强化处理，如果没有特别的需求，通常只需要进行简单处理，如手工砂纸打磨并配合多层喷漆等。

3. 试用模型

市场调研任务组的成员将手机支架模型拿给周围的人们试用，反馈问题如下：

①手机支架模型棱边锋利，容易割伤手。

②手机支架模型连接转角全部是直角连接，容易产生断裂或开裂。

棱边、转角统一做圆角处理。处理后的模型既光顺又圆滑，安全问题、质量问题等都可以得到大大改善。

4. 修改模型

根据市场调研任务组提供的信息，模型设计任务组列出了如表 5–1–4 所示的模型修改任务表，并完成了模型修改。

表 5–1–4　模型修改位置及修改办法

修改位置	修改办法
模型棱边	使用圆角功能处理
模型顶角	
模型直角连接面	

（1）棱边处理

使用圆角命令进行处理，如图 5–1–22 所示。

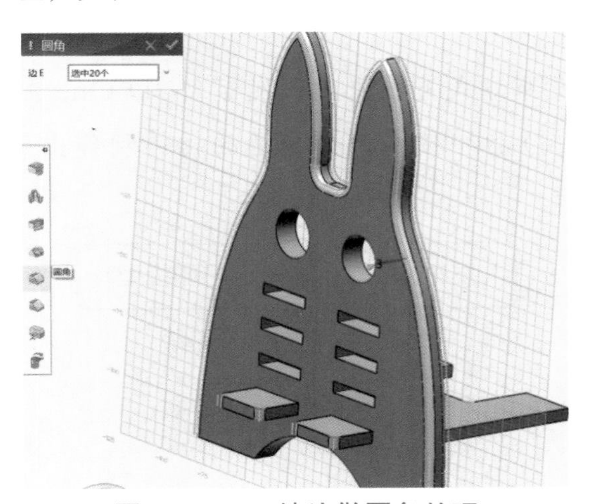

图 5–1–22　棱边做圆角处理

（2）连接部分处理

拐角处做圆角处理，如图 5–1–23 所示。

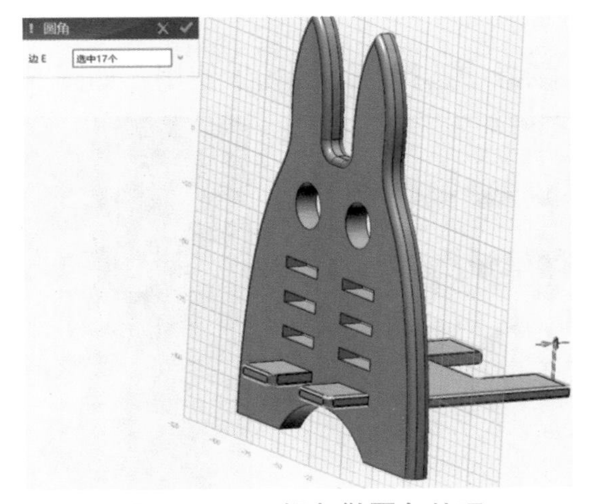

图 5–1–23　拐角做圆角处理

发布手机支架模型

任务描述

经过三维设计创客团队市场调研组、模型设计组全体成员的共同努力，完成了手机模型的规划，设计两个阶段的工作，现在模型设计组将完成最后一个阶段工作——发布模型，从而全面完成手机支架模型的设计工作。

任务分析

模型设计组选择网络发布方式将手机支架发布到 3D One 青少年三维创意社区，与创客们进行分享，同时采用 3D 打印技术选择合适的材料制作出最终的手机支架三维模型。任务路线如图 5–1–24 所示。

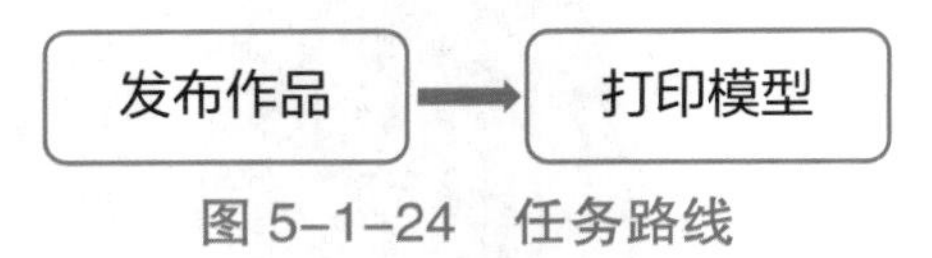

图 5–1–24　任务路线

1. 发布作品

（1）作品准备

步骤 1：渲染模型。利用视觉样式功能中的材质、贴图等功能修改模型的材质及其颜色，如图 5–1–25 所示。

步骤 2：添加场景。在场景中选择合适的场景使用，如图 5–1–26 所示。

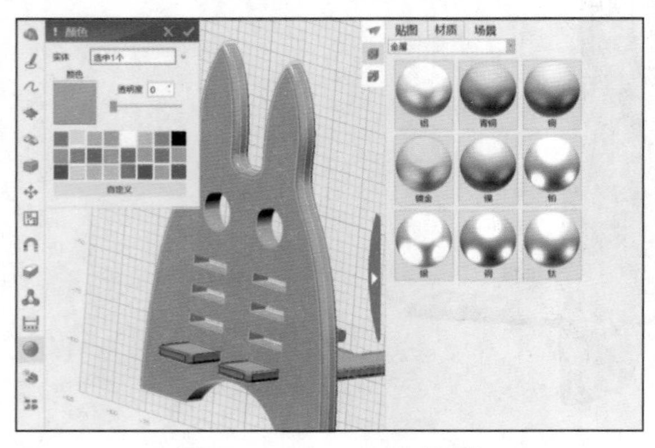

图 5–1–25　渲染模型

图 5–1–26　添加场景

（2）发布正在编辑的作品

发布正在编辑的作品可在 3D One Plus 工作界面进行。

步骤 1：展开右侧的资源库，单击“社区管理”，用 3D One 社区账号登录，然后单击“一键储存作品”按钮，如图 5-1-27 所示。

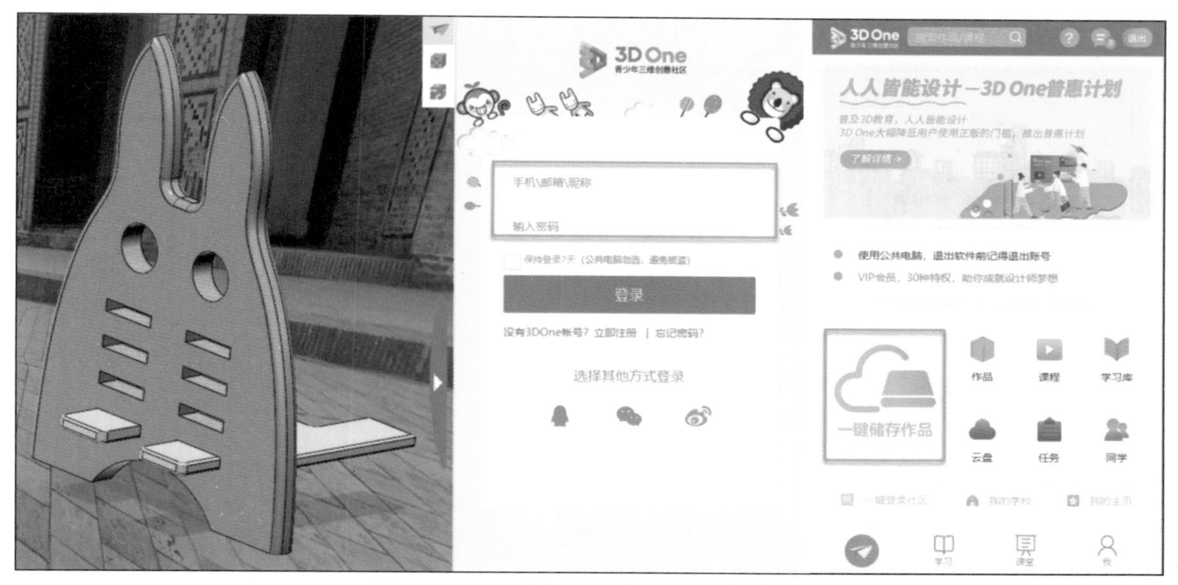

图 5-1-27　登录社区准备发布作品

步骤 2：根据实际情况填写发布信息。如作品名称：可调角度手机支架；作品分类：选择“生活用品”；作品状态：选择“公开”，即为发布到网络，可分享给其他人学习借鉴或是讨论评价，如选择“私有”，即是保存到个人的空间，他人无法观看；作品描述：可介绍作品的实际情况，如它的设计理念、产品特点等信息，如图 5-1-28 所示。最后单击“提交”按钮，等待审核通过就表示发布。

图 5-1-28　发布信息填写

（3）发布已存储作品

发布已存储作品也可以在 3D One 社区网站中完成。在首页中单击右上角的“上传作品”按钮，填写作品相关信息，包括标题、标签、分类、作品介绍、作品属性等，如图 5-1-29 所示。单击“上传作品”按钮，找到保存好的作品文件，之后再上传一张作品的图片，就可以单击“发布作品”按钮。

图 5-1-29　发布作品信息填写

（4）查看作品

作品上传成功之后，可以在“我的主页”页面查看自己上传的作品。单击作品，进入作品页面便可以浏览、评论并下载作品。

2. 打印模型

三维模型打印方法与过程见本项目任务 2 中的“打印模型”。

项目分享

方案 1：各工作团队展示交流项目，谈谈自己的心得体会，并选派代表分享交流。

方案 2：由学生代表与指导教师组成项目评审组，各工作团队制作汇报材料并进行答辩。

项目评价

请根据项目完成情况填涂表 5-1-5。

表 5-1-5　项目评价表

类　别	内　容	评　分
项目质量	1. 各个任务的评价汇总 2. 项目完成质量	☆☆☆
团队协作	1. 团队分工、协作机制及合作效果 2. 协作创新情况	☆☆☆
职业规范	1. 项目管理、实施环境规范 2. 项目实施过程、相关文档的规范	☆☆☆
建议		

注：“★☆☆”表示一般，“★★☆”表示良好，“★★★”表示优秀。

项目总结

本项目本着以工作流程为主线、以行动为导向、在实践中学习的理念，将机械类三维数字模型手机支架设计工作过程转化为项目内容，共分为规划手机支架模型、设计手机支架模型、发布手机支架模型 3 个任务。在规划手机支架模型任务中，讲解了根据需要开展调研、根据需求设计模型、绘制草图；在设计手机支架模型任务中，讲解了选择软件绘制三维模型、使用 3D 打印机打印模型、对模型组织试用及修改；在发布手机支架模型任务中，讲解了通过网络发布作品及使用 3D 打印发布作品。

项目拓展 儿童计数器三维模型设计

1. 项目背景

在教学中，特别是在幼儿教学中，使用教具能使教学效果事半功倍。现需要设计一款满足 3~7 岁儿童使用的计数器。

2. 预期目标

1）儿童计数器三维模型设计需要满足以下要求：

①模型有计数功能。

②能用模型进行 3 位及以上加减运算。

③模型具有足够的安全性。

④模型外形美观。

⑤模型实用性强、耐用。

2）儿童计数器三维模型设计参考效果图如下：

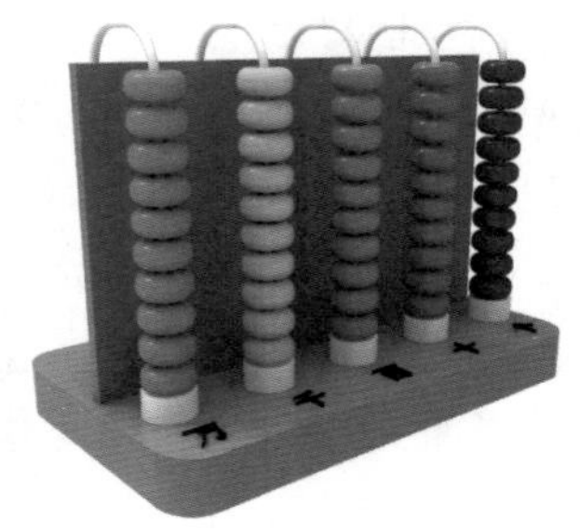

注：效果图仅作参考，请自主设计制作。

3. 项目资讯

1）教具和玩具的区别。

____

____

2）3~7 岁儿童教具和其他年龄段教具的区别。

____

____

3）教具安全解决方案。

____

____

4. 项目计划

绘制项目计划思维导图。

5. 项目实施

任务 1：规划计数器模型

（1）需求调研

1）制作如下格式的调查表。

调查问题	选项（勾选）

2）进行调查。

3）收集调查信息。

（2）功能分析

1）调研数据汇总。

2）调研结果分析。

制作如下格式的调研结果分析表。

需求项目	需求标准

（3）绘制草图。

任务 2：设计计数器模型

（1）绘制模型

（2）打印模型

（3）试用模型

（4）修改模型

制作如下格式的修改任务表。

修改位置	修改办法

任务 3：发布计数器模型

（1）发布作品

1）准备作品。

2）发布正在编辑的作品。

3）发布已存储的作品。

（2）打印模型

1）文件格式转换。

2）模型切片。

3）文件转存。

4）3D 打印机设置。

5）打印结束后移出产品。

6）模型物化后处理。

6. 项目总结

（1）过程记录

记录项目实施过程中的各种情况，为工作总结提供依据，如表格不够，可自行加页。

序　号	内　容	思考及解决方法
1		
2		
3		

（2）工作总结

从整体工作情况、工作内容、反思与改进等几个方面进行总结。

7. 项目评价

内　容	要　求	评　分	教师评语
项目资讯（10分）	回答清晰准确，紧扣主题，没有明显错误		
项目计划（10分）	计划清楚，图表美观，能根据实际情况进行修改		
项目实施（60分）	实施过程安全规范，能根据项目计划完成项目		
项目总结（10分）	过程记录清晰，工作总结描述清楚		
态度素养（10分）	按时出勤、积极主动、清洁清扫、安全规范		
合计	依据评分项要求评分合计		

项目 2 室内装修模型设计

项目背景

古语有“安居乐业”，所以人们对安居的基础——住房的需求从未停止过，并且购房后都会根据自己的经济能力、自己的需求进行个性化装修。设计人员往往都会选择制作装修效果图或装修三维模型，来模拟展示装修后的效果。

博祥公司是学校的双元合作企业，公司将一位客户的室内平面图发给小小所在的三维设计创客团队工作室，请工作室的同学们给客户张先生设计一个室内装修三维模型。

项目分析

小小所在的三维设计创客团队对项目进行了初步分析，拟定了项目计划并划分了任务组开展工作。首先由市场调研组与张先生沟通，并实地测量、绘制出草图；然后由模型设计组根据草图初步绘制并打印出三维模型，再根据张先生看模型后的意见对模型进行修改；最后根据具体情况安排打印出三维模型并进行展示。项目结构如图 5-2-1 所示。

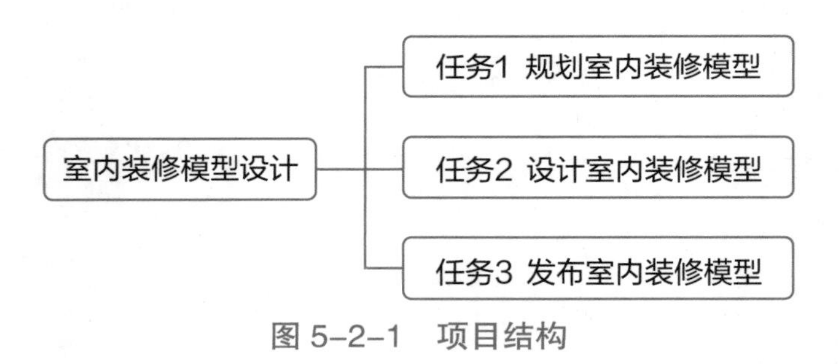

图 5-2-1 项目结构

学习目标

- 能根据业务需要规划、设计简单模型。
- 能运用三维建模工具绘制简单的建筑三维数字模型。
- 会选用合适的方式发布模型。

规划室内装修模型

任务描述

三维设计创客团队市场调研任务组进行调研、测量，收集、整理室内装修需求，在此基础上绘制出草图，为后续的模型设计工作做准备。

任务分析

市场调研任务组成员找到张先生进行了多次沟通，并到现场开展了详细的勘测，收集、整理张先生的需求，并对收集整理的资料进行研究、分析、讨论，决定先列出需求清单，再根据需求清单规划、优化、确定项目及布局，最后绘制装修模型草图。任务路线如图 5–2–2 所示。

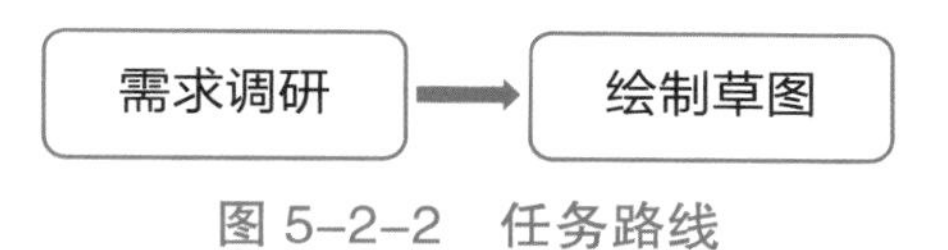

图 5–2–2　任务路线

1. 需求调研

（1）需求调研表

市场调研组设计了表 5–2–1 所示的装修模型需求调研表。

表 5–2–1　装修模型需求调研表

调查项目	选项
住房类型	○租房　○自有房
户型	○一居室　○两居室　○三居室　○其他________
需要设计的房间	○客厅　○主卧　○次卧　○厨房　○卫生间　○其他________
最常用到的家具	○桌子　○椅子　○柜子　○沙发　○其他________
选择家具的原因	○价格　○外形　○功能　○其他________

续表

调查项目	选项
需要设计的家具	○餐桌 ○沙发 ○衣柜 ○书桌 ○书架 ○其他________
模型要求	
备注	

（2）调研结果

市场调研组成员与张先生进行了深入沟通，并到房间进行实地勘测，制作出装修模型需求调研表，见表 5-2-2。房间物品中，张先生希望重点对书架进行设计并制作三维模型。

表 5-2-2 装修模型需求调研表

调查项目	选项
住房类型	○租房 ●自有房
户型	○一居室 ●两居室 ○三居室 ○其他________
需要设计的房间	○客厅 ○主卧 ●次卧 ○厨房 ○卫生间 ○其他________
最常用到的家具	●桌子 ●椅子 ○柜子 ○沙发 ●其他__架子__
选择家具的原因	○价格 ○外形 ●功能 ○其他________
需要设计的家具	○餐桌 ○沙发 ○衣柜 ○书桌 ●书架 ○其他________
模型要求	三维模型
备注	1. 次卧为张先生 9 岁儿子张晓的卧室； 2. 爱学习、喜欢玩具； 3. 能放足够数量的书籍，摆放少量文具和玩具等； 4. 结构简单、有特色，尽量充分利用空间； 5. 模型的房间尺寸为 3 790 mm×3 240 mm，进门正对着窗户。

2. 绘制草图

（1）绘制房间布局草图

市场调研组成员根据张先生的装修需求到实地房间进行了详细的勘测，绘制出房间草图。

次卧为儿童房，房间里的家具设计要考虑到 9 岁孩子的使用安全和身心健康等因素。现有书桌长 1 000 mm、宽 600 mm、高 780 mm，儿童床长（含床头）2 200 mm、宽

1 500 mm，床头柜长 500 mm、宽 300 mm，衣柜长 1 500 mm、宽 600 mm、高 1 800 mm。

综合考虑各方面因素，调研组绘制出如图 5–2–3 所示的次卧平面布局图。

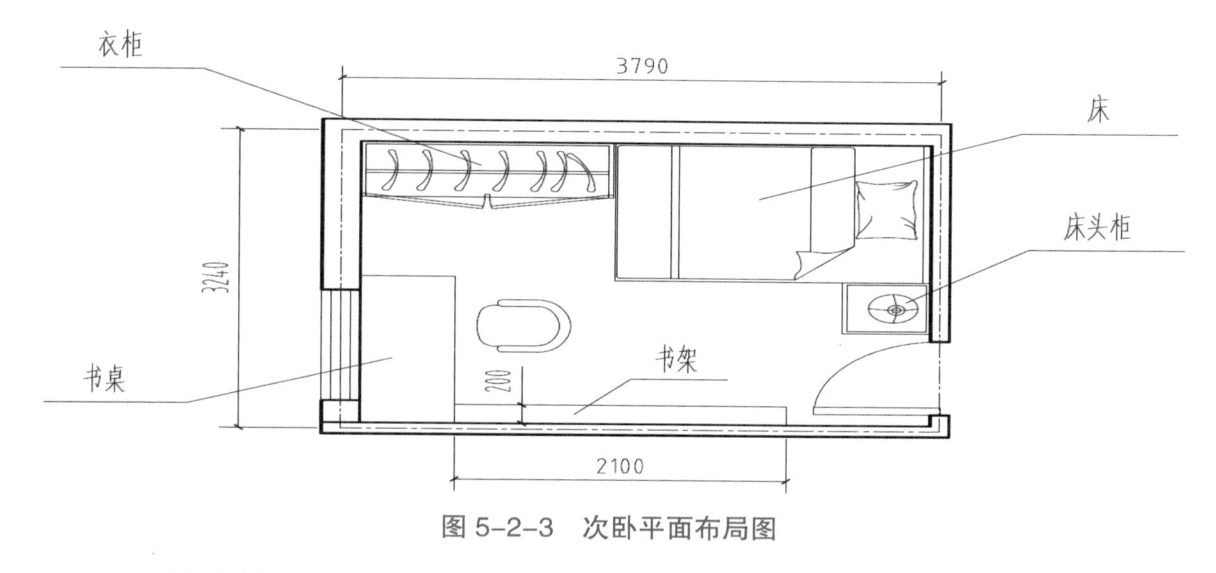

图 5–2–3　次卧平面布局图

（2）绘制书架模型草图

小组成员根据张先生的书架模型需求，利用头脑风暴法、信息收集法等方式挖掘、收集相关的书架信息，将书架样式确定为“ZX”（“ZX”为“张晓”两个汉字的首字母）的字母书架，尺寸为高 1 600 mm、长 2 100 mm、宽 200 mm，从地面向上固定在墙上，绘制出如图 5–2–4 所示的书架模型草图。

图 5–2–4　书架模型草图

任务 2 设计室内装修模型

任务描述

三维设计创客团队模型设计组根据草图初步绘制并打印出三维模型，再根据张先生观看模型后的意见对模型进行修改，确定三维模型。

任务分析

模型设计组对市场调研组提供的资料、草图进行了充分的研讨，决定使用 3D One Plus 绘制出三维模型，并采用 3D 打印技术、选用合适的材料打印出三维模型，然后将模型交给市场调研组去征集张先生的意见，最后再由模型设计任务组对模型进行修改、完善，最终得到三维模型。任务路线如图 5–2–5 所示。

绘制模型 → 打印模型 → 修改模型

图 5–2–5　任务路线

1. 绘制书架三维模型

（1）分析和分析书架三维模型

根据房间整体尺寸进行比例缩放，约定需要设计的书架模型缩小为 1/10，书架的高度约 160 mm。使用草图绘制功能绘制书架的字母轮廓，然后使用拉伸功能将二维草图转换为三维模型，使用“抽壳”功能将立体文字模型做挖空处理，再使用基本实体的六面体功能，按书架分析布局图添加隔挡。具体流程参照图 5–2–6 所示。

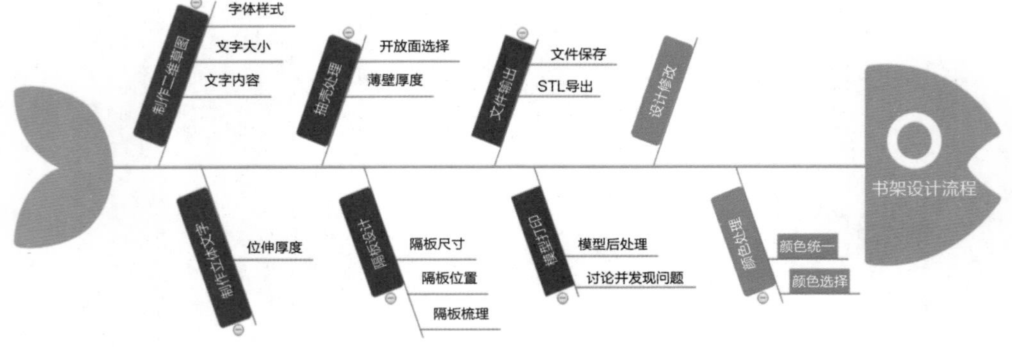

图 5–2–6　设计流程图

（2）绘制书架三维模型

步骤 1：使用“预制文字”命令绘制出文字草图。“原点”选择网格面上任意一点，“文字”输入“ZX”，“字体”选择“黑体”，“样式”选择“加粗”，“大小”设定为“150”，如图 5-2-7 所示。单击“确定”按钮，完成文字绘制。

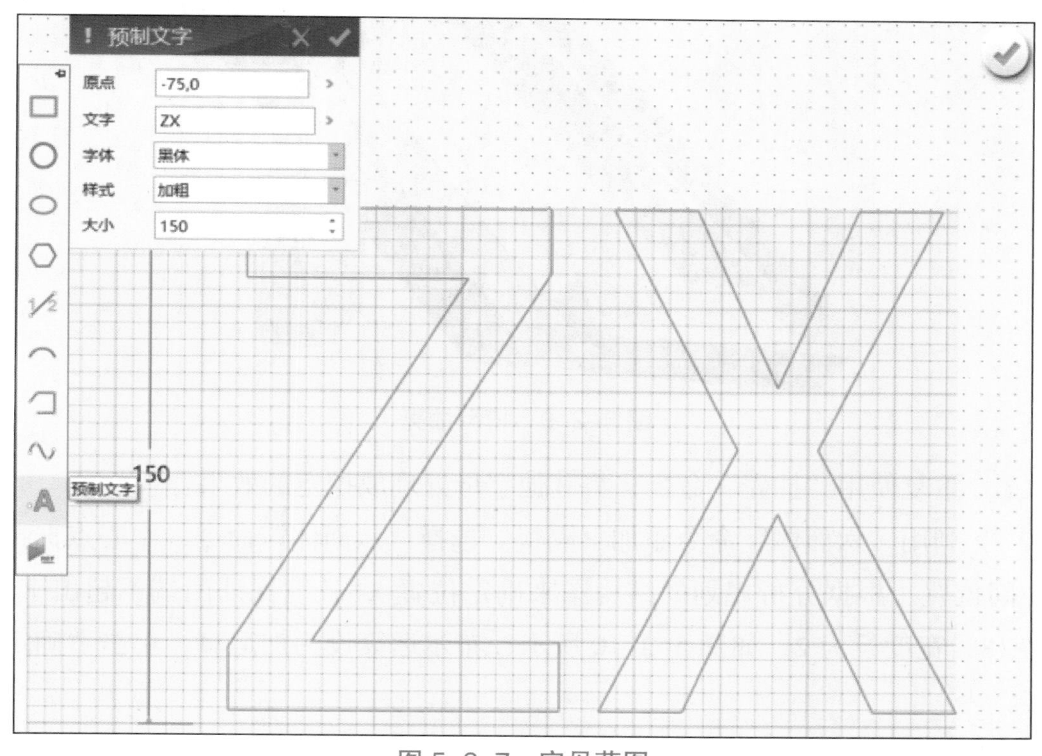

图 5-2-7　字母草图

步骤 2：通过“拉伸”命令将绘制的草图拉伸成立体。拉伸过程中将高度设为 20，确定后得到立体字母模型，如图 5-2-8 所示。

图 5-2-8　拉伸出立体文字

步骤 3：通过“抽壳”命令将每个字母中间挖空。选择“抽壳”命令，“造型”选择一个字母模型，“厚度”设为“-2”，“开放面”选择字母模型顶面，如图 5-2-9 所示。单击“确定”按钮，得到挖空的字母模型。

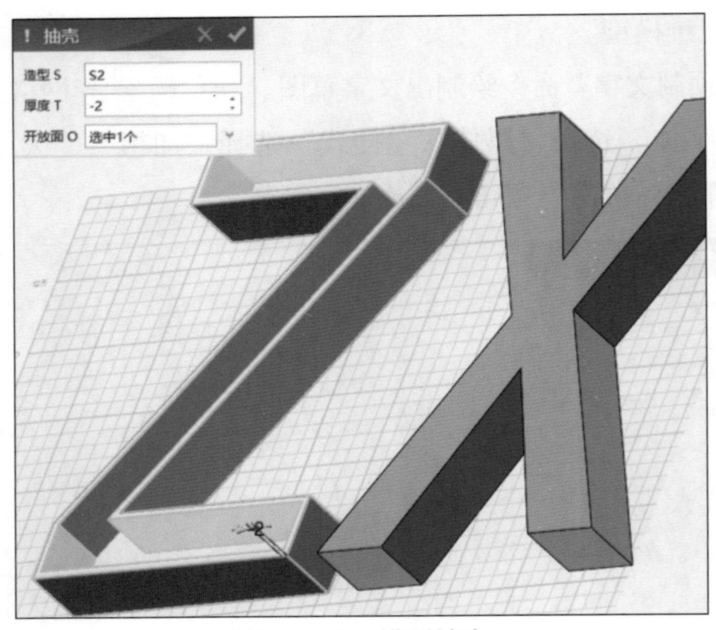

图 5-2-9　模型抽壳

步骤 4：重复使用“抽壳”命令，将其他字母处理成挖空的效果。

步骤 5：利用“六面体”命令添加书隔板。选择“六面体”命令，中心点选择挖空模型内侧中间位置（根据分析规划的结构图来确定位置），长度保证两端不超出字母模型，高度设为 18，宽度设为 2，如图 5-2-10 所示，布尔运算设为加运算，单击“确定”按钮完成制作。

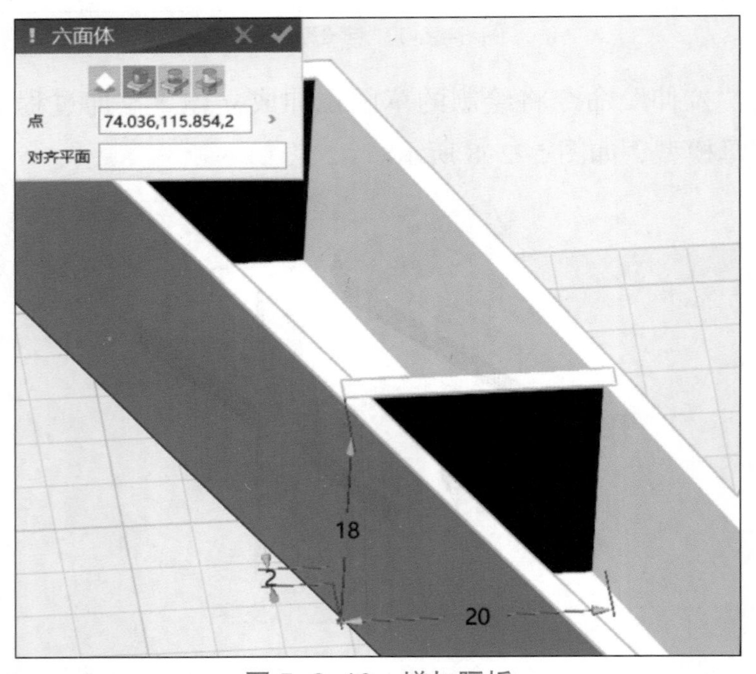

图 5-2-10　增加隔板

步骤 6：重复使用“六面体”命令添加书架其他隔板，完成整个书架建模，如图 5-2-11 所示。通过“保存”命令，将文件进行保存。

图 5-2-11　完成书架模型

步骤 7：绘制次卧的三维模型。根据所学知识，绘制房屋、衣柜、床、书桌、椅子和床头柜等三维模型，并根据布局草图搭建出次卧的三维模型，如图 5-2-12 所示。

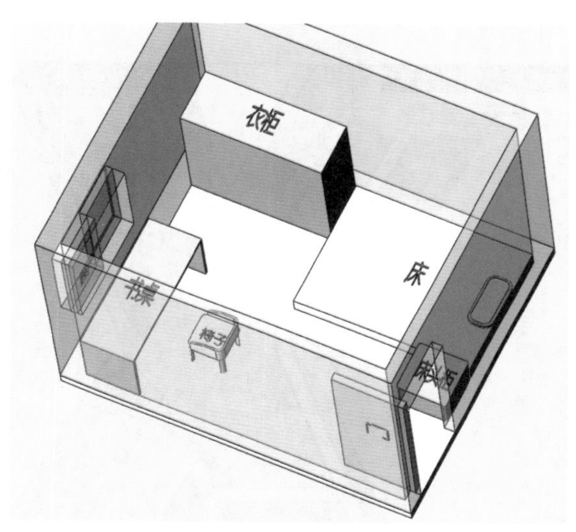

图 5-2-12　次卧布局草图三维模型

步骤 8：在次卧三维模型中导入书架三维模型，将书架调整至预设位置，查看房间整体布局效果，如图 5-2-13 所示。

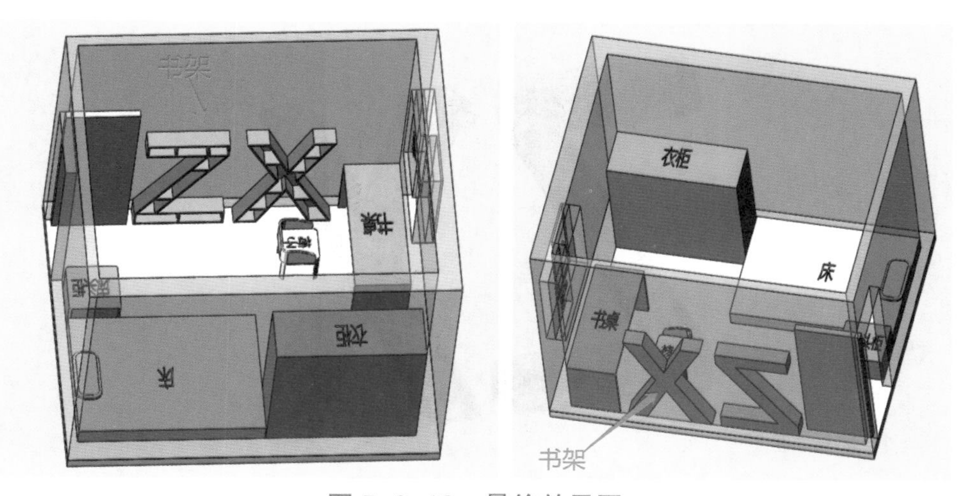

图 5-2-13　最终效果图

2. 打印模型

三维模型打印方法与过程参见项目 1 任务 2 中的“打印模型”内容。

3. 修改模型

市场调研组将打印出的房间平面布局图和书架三维模型送到张先生那里，得到张先生的意见如下：

①模型边角比较锋利，在使用安全方面需要优化。

②模型色彩方面，需要根据卧室主题进行调试，使颜色与整体风格相匹配。

模型设计组根据张先生的意见，对模型行修改。

步骤 1：通过“圆角”功能，将书架尖锐部分处理成光滑效果。选择“圆角”命令，边线选择需要添加圆角的模型边线，调整圆角半径，如图 5–2–14 所示。不同位置的圆角效果需要根据实际情况有所调整。

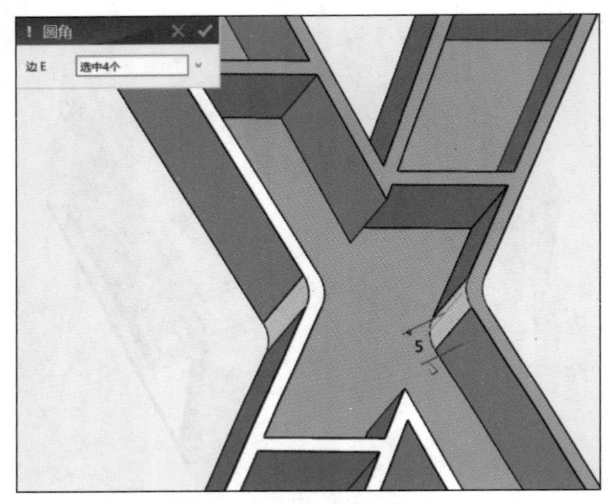

图 5–2–14　添加圆角

步骤 2：选择“颜色”命令，为书架添加颜色。选择颜色时，要和房间整体设计主题风格相契合，如图 5–2–15 所示。

图 5–2–15　修改颜色

任务 3　发布室内装修模型

任务描述

经过三维模型创客团队市场调研组、模型设计组全体成员的共同努力，完成了室内装修模型的规划、设计两个阶段的工作，现在模型设计组将完成最后一个阶段工作——发布模型，从而全面完成室内装修模型的设计工作。

任务分析

模型设计组成员采用 3D 打印技术、选择合适的材料制作出最终的三维模型，完成了张先生委托的任务，同时展示制作的模型。任务路线如图 5-2-16 所示。

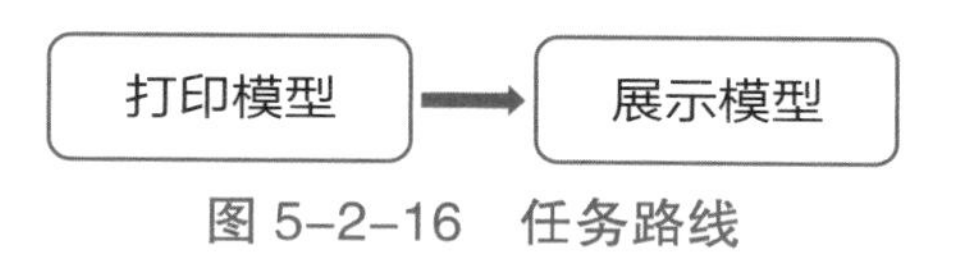

图 5-2-16　任务路线

任务实施

1. 打印模型

三维模型打印方法与过程参见项目 1 任务 2 中的“打印模型”内容。

2. 展示模型

①项目组分享：项目组汇报设计工作内容及工作过程，分享、展示自己的创意设计。

②评价：参与展示会的有关人员对项目工作进行评价打分。评分表见表 5-2-3。

表 5-2-3　评分表

项目	思想性、科学性、规范性（40）	创新性（20）	艺术性（20）	技术性（20）	评分（100）
室内装修三维模型					

项目分享

方案 1：各工作团队展示交流项目，谈谈自己的心得体会，并选派代表分享交流。

方案 2：由学生代表与指导教师组成项目评审组，各工作团队制作汇报材料并进行答辩。

项目评价

请根据项目完成情况填涂表 5-2-4。

表 5-2-4　项目评价表

类　别	内　容	评　分
项目质量	1. 各个任务的评价汇总 2. 项目完成质量	☆☆☆
团队协作	1. 团队分工、协作机制及合作效果 2. 协作创新情况	☆☆☆
职业规范	1. 项目管理、实施环境规范 2. 项目实施过程、相关文档的规范	☆☆☆
建议		

注：“★☆☆”表示一般，“★★☆”表示良好，“★★★”表示优秀。

项目总结

本项目本着以工作流程为主线、以行动为导向、在实践中学习的理念，将建筑类三维数字模型室内装修模型设计工作过程转化为项目内容，共分为规划室内装修模型、设计室内装修模型、发布室内装修模型三个任务。在规划室内装修模型任务中，讲解了根据需要开展调研，根据需求设计模型、绘制草图；在设计室内装修模型任务中，讲解了选择软件绘制三维模型、使用 3D 打印机打印模型、对模型组织试用及修改；在发布室内装修模型任务中，讲解了通过网络发布作品及使用 3D 打印发布作品。

项目拓展 儿童书桌三维模型设计

1. 项目背景

参考张先生次卧中书架的风格，设计出张先生次卧中需要的儿童书桌三维模型。

2. 预期目标

1）儿童书桌三维模型设计需要满足以下要求：

①模型结构合理。

②模型实用性好。

③模型外形美观。

2）儿童书桌三维模型设计参考效果图如下：

注：效果图仅作参考，请自主设计制作。

3. 项目资讯

1）儿童书桌基本功能要求。

___

2. 儿童书桌与其他书桌的区别。

4. 项目计划

绘制项目计划思维导图。

5. 项目实施

任务 1：规划计数器模型

（1）需求调研

1）制作如下格式的调查表。

调查问题	选项（勾选）

2）进行调查。

3）收集调查信息。

（2）功能分析

1）调研数据汇总。

2）调研结果分析。

制作如下格式的调研结果表。

需求项目	需求标准

（3）绘制草图

任务 2：设计书桌模型

（1）绘制模型

（2）打印模型

（3）试用模型

（4）修改模型

制作如下格式的修改任务表。

修改位置	修改办法

任务 3：发布计数器模型

（1）发布作品

1）准备作品。

2）发布正在编辑的作品。

3）发布已存储的作品。

（2）打印模型

1）文件格式转换。

2）模型切片。

3）文件转存。

4）3D 打印机设置。

5）打印结束后移出产品。

6）模型物化后处理。

6. 项目总结

（1）过程记录

记录项目实施过程中的各种情况，为工作总结提供依据，如表格不够，可自行加页。

序　号	内　容	思考及解决方法
1		
2		
3		

（2）工作总结

从整体工作情况、工作内容、反思与改进等几个方面进行总结。

7. 项目评价

内　容	要　求	评　分	教师评语
项目资讯（10分）	回答清晰准确，紧扣主题，没有明显错误		
项目计划（10分）	计划清楚，图表美观，能根据实际情况进行修改		
项目实施（60分）	实施过程安全规范，能根据项目计划完成项目		
项目总结（10分）	过程记录清晰，工作总结描述清楚		
态度素养（10分）	按时出勤、积极主动、清洁清扫、安全规范		
合计	依据评分项要求评分合计		

项目3　创意花瓶模型设计

项目背景

人们面对各种各样的问题，都会产生许许多多想法，这些想法就是创意的种子，是创新创业设计诞生的开始。只要将这些种子埋进土里——付诸行动，精心培育——不断修改设计，就能收获丰硕的果实——创新创业的成果。

小小所在的三维设计创客团队成员，在闲暇之时，大家总喜欢天马行空地探讨一些问题，在思维的碰撞中得到意外的收获。今天，大家就想到了一起制作一个创意花瓶的点子。

项目分析

创客团队对项目进行初步分析，拟定了项目计划并划分了任务组开展工作。首先由市场调研组调研、收集、分析创意花瓶的有关资料，绘制出创意花瓶模型草图；然后由模型设计组根据草图初步绘制并打印出创意花瓶三维模型，再根据大家对模型的意见进行修改；最后根据具体情况安排进行网络发布、三维模型的打印等。项目结构如图 5-3-1 所示。

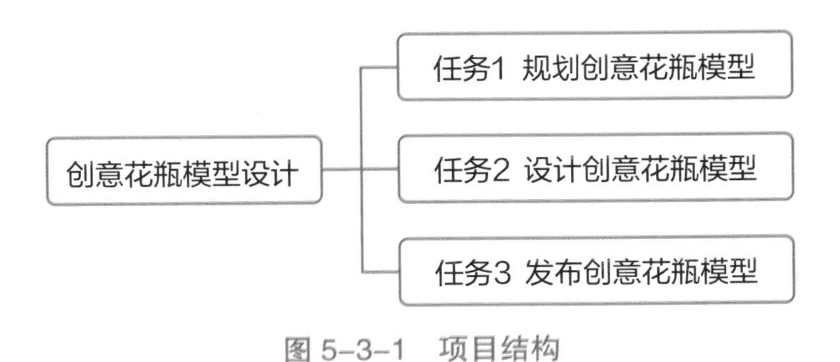

图 5-3-1　项目结构

学习目标

- 能根据业务需要规划、设计简单模型。
- 能运用三维建模工具绘制简单的创意三维数字模型。
- 会选用合适的方式发布模型。

规划创意花瓶模型

任务描述

三维设计创客团队市场调研任务组进行调研，收集、整理创意花瓶有关资料，在此基础上绘制出模型草图，为后续的模型设计工作做准备。

任务分析

市场调研组成员通过到市场、网络进行广泛调研，收集、整理创意花瓶资料，再结合地区文化特色和古代文化等元素，并对收集整理的资料进行研究、分析、讨论，决定列出创意花瓶的资料清单，再根据清单考虑、优化、确定创意花瓶的基本结构，最后绘制创意花瓶草图。任务路线如图 5–3–2 所示。

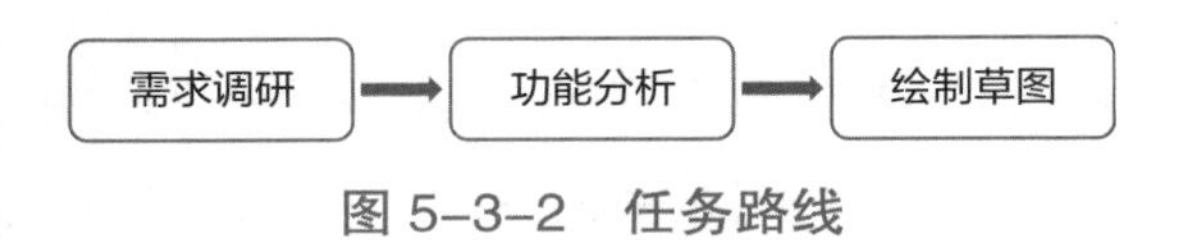

图 5–3–2　任务路线

1. 需求调研

（1）收集查找相关信息

可参照表 5–3–1 收集调研花瓶相关信息，如目前市面上花瓶的种类、功能、样式、结构、材质和元素结合等。

表 5–3–1　花瓶相关信息

分类类型	种类明细
按照材料分类	玻璃花瓶、塑料花瓶、金属花瓶、木质花瓶等
按照结构形状分类	圆柱体、长方体、不规则几何体等
按照地域分类	中国传统花瓶、欧洲花瓶、古希腊花瓶、古罗马花瓶、日式花瓶等
按照制造工艺分类	吹塑、锻造、铸造、3D 打印等
按照元素结合分类	古蜀文明、中轴文化、航空航天主题文化等

（2）目标定位

以制造 3D 打印花瓶为例，目标定位见表 5-3-2。

表 5-3-2　3D 打印花瓶设计构想

设计目标	设计结论
花瓶使用材料	塑料
花瓶使用结构	不规则几何体
花瓶制造工艺	3D 打印
花瓶创意造型	旋转、抽壳等
花瓶结合元素	三星堆古蜀文明

2. 功能分析

（1）花瓶的主要功能

在设计花瓶时，要充分考虑花瓶的实用性、稳定性。在具体设计时，需要参考花束大小，由此可以分析出花瓶的尺寸范围，花瓶太小，稳固性就会较差；瓶口太大，会显得花太小，整体比例不协调；瓶口较细，方便花束放入。另外，考虑到安全性，花瓶底座要求稳固性强，所以花瓶的底座设计得较大。

（2）花瓶的次要功能

通过花瓶次要功能——美观，引导出花瓶的设计特性，通过平滑的线条可以增加花瓶美观性，同时，花瓶的配色需要衬托出花的美丽。

（3）花瓶外形

花瓶外形具有青铜人像的元素效果。

3. 绘制草图

（1）手绘草图

使用尺规作图工具，在草纸上设计出花瓶整体构思草图和元素图案，如图 5-3-3、图 5-3-4 所示。

图 5-3-3　花瓶整体构思草图

图 5-3-4　元素图案

（2）草图信息提取

通过设计草图，讨论原型的设计方法，并探讨如何在三维设计软件中实现，将讨论结果填写在表 5-3-3 中。

表 5-3-3　花瓶建模方法

位置	图形	软件功能
瓶身	使用曲线绘制出半个轮廓图形	通过点绘制曲线、直线
瓶耳		
花纹		

任务 2　设计创意花瓶模型

任务描述

三维设计创客团队模型设计组根据模型草图绘制出创意花瓶，并输出三维模型，根据大家对模型的修改意见，确定创意花瓶模型。

任务分析

模型设计组对市场调研组提供的资料、草图组织了充分的研讨，决定使用 3D One Plus 先绘制出创意花瓶，并采用 3D 打印技术选用合适的材料打印出三维模型，然后在团队中收集、整理大家对模型的修改建议，最后再对模型进行修改、完善，得到最终的创意花瓶三维模型。任务路线如图 5–3–5 所示。

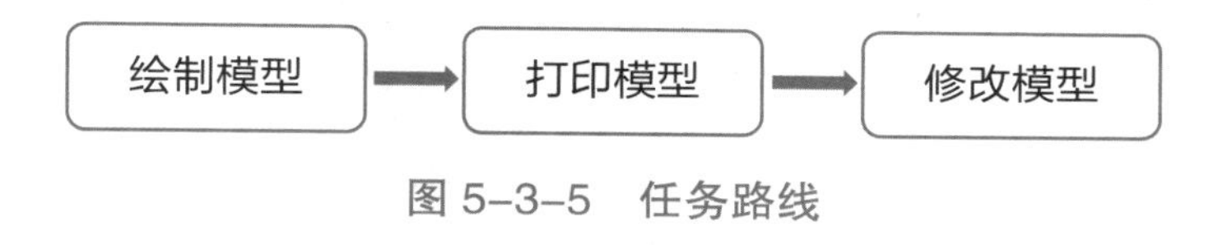

图 5–3–5　任务路线

1. 绘制模型

步骤 1：使用草图绘制中的“直线”命令，参考图 5–3–6 所示草图，绘制出长为 110、530 和 150 的直线，再使用“通过点绘制曲线”命令，参照图示效果，绘制曲线轮廓。绘制完成后，使用“显示曲线连通性”命令，检测草图绘制是否有问题，如有问题，检测是否为环形封闭且不互相交叉的轮廓线。

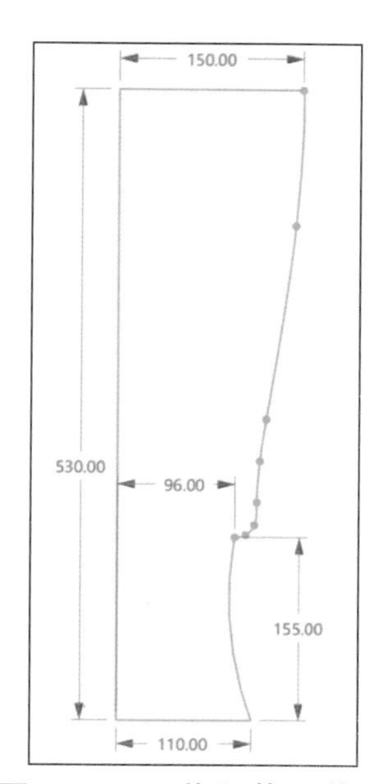

图 5–3–6　花瓶截面草图

步骤 2：使用“特征造型”中的“旋转”命令，对绘制完成的草图进行旋转，旋转角度设为 360，如图 5–3–7 所示，确定后得到立体的花瓶造型。

步骤 3：使用“特殊功能”中的“抽壳”命令，对旋转后的模型进行抽壳，厚度设为 –5，开放面旋转瓶口面，如图 5–3–8

所示，单击“确定”按钮，完成花瓶抽壳。

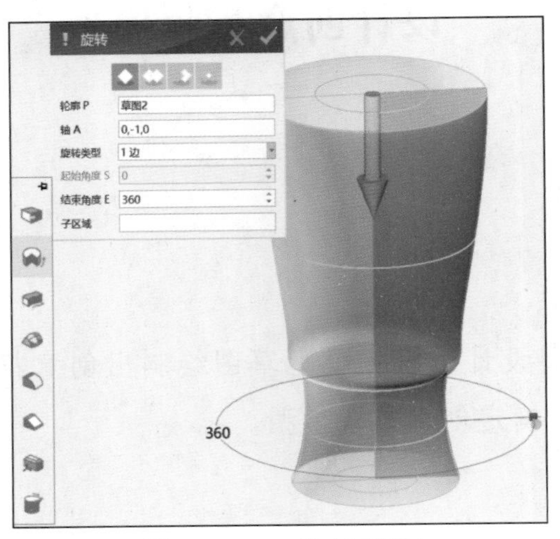

图 5–3–7 旋转花瓶

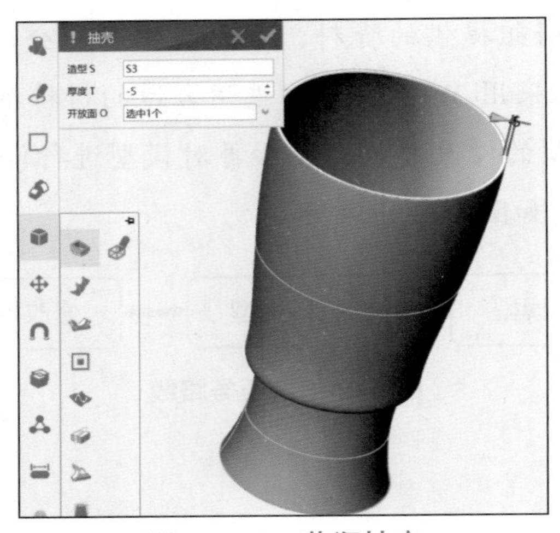

图 5–3–8 花瓶抽壳

步骤 4：使用“草图绘制”中的“通过点绘制曲线”命令，单击网格面作为绘图平面，单击视图导航器的“上”，调整视角，参照图 5–3–9 所示的草图图形绘制草图。

图 5–3–9 瓶耳草图

步骤 5：绘制一侧耳朵草图后，使用“基本编辑”中的“镜像”命令，将绘制的草图镜像到另外一侧，如图 5-3-10 所示。镜像完成后，使用“显示曲线连通性”命令，检查草图绘制是否有问题。

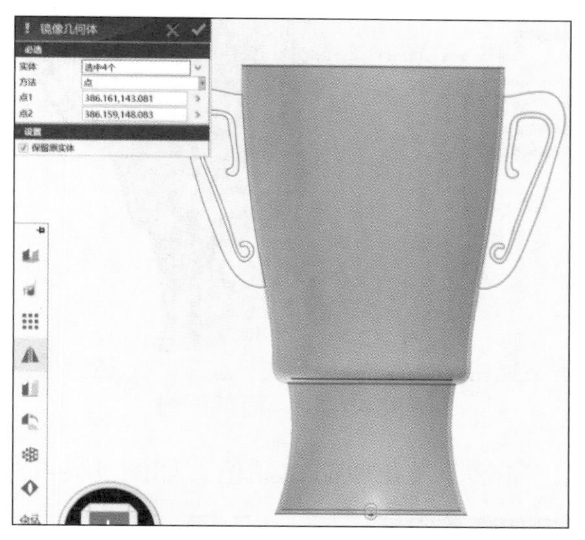

图 5-3-10　镜像草图

步骤 6：使用“特征造型”中的“拉伸”命令，将绘制的草图进行拉伸，拉伸类型调整为对称，厚度设为 10，布尔运算设为加运算，单击“确定”按钮，完成耳朵建模，如图 5-3-11 所示。

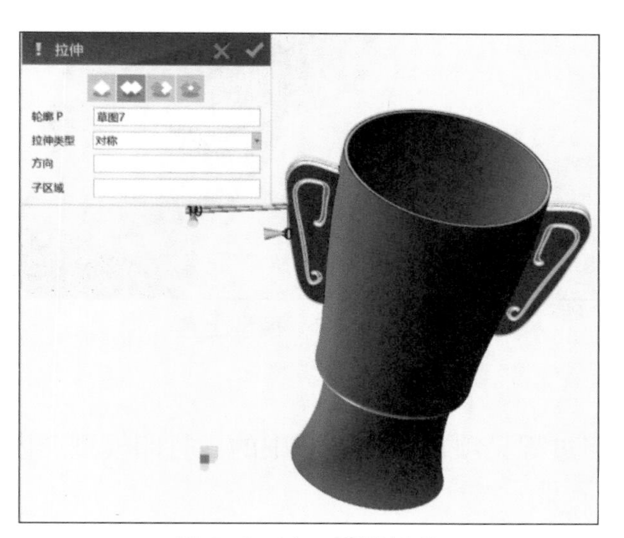

图 5-3-11　模型拉伸

步骤 7：选择“特殊功能”中的“浮雕”功能，选择准备好的面部图片，将最大偏移设为 4，宽度设为 300，原点选择花瓶中间位置，旋转设为 –90（根据实际贴图效果判断，如角度不对，可撤销重新制作浮雕），分辨率设为 0.2，如图 5-3-12 所示，单击“确定”按钮。

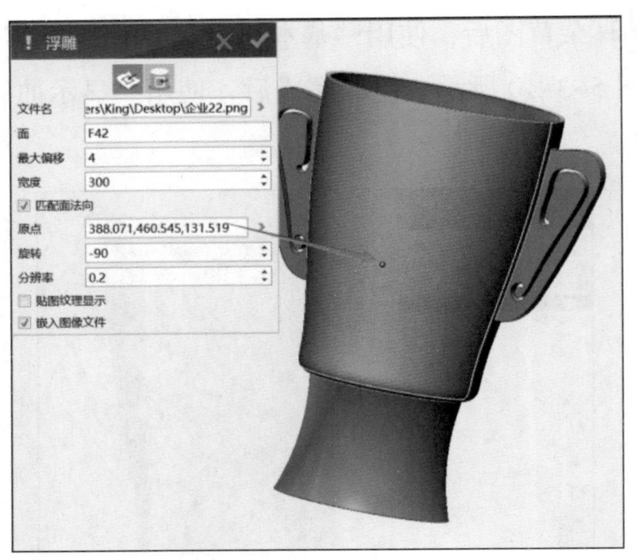

图 5-3-12　面部浮雕

步骤 8：选择“颜色”命令，为花瓶添加颜色，如图 5-3-13 所示。

图 5-3-13　模型上色

2. 打印模型

三维模型打印方法与过程见项目 1 任务 2 中的“打印模型”内容。

3. 修改模型

①如果打印过程中出现问题或打印完成后发现模型壁厚太薄，或因为角度太大出现打印问题，可以回到软件中修改模型文件。

②如果物化后实物的大小比例不合适，可以回到模型文件中使用缩放功能对模型进行缩放，从而调整模型的比例。

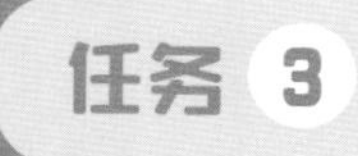

发布创意花瓶模型

任务描述

经过三维设计创客团队市场调研组、模型设计组全体成员的共同努力，完成了创意花瓶模型的规划、设计两个阶段的工件，现在模型设计组将完成最后一个阶段工作：发布模型，从而全面完成创意花瓶模型的设计工作。

任务分析

模型发布任务组成员选择网络发布方式将创意花瓶发布到 3D One 青少年三维创意社区，与创客们进行分享，同时使用 3D 打印技术制作出最终的创意花瓶三维模型。任务路线如图 5-3-14 所示。

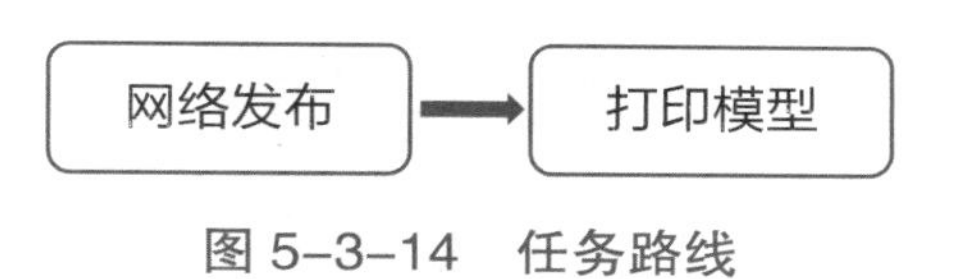

图 5-3-14　任务路线

1. 发布作品

作品发布方法与过程见项目 1 任务 3 中的“发布作品”内容。

2. 打印模型

三维模型打印方法与过程见项目 1 任务 2 中的“打印模型”内容。

拓展延伸

空间思维能力帮助创意快速实现

通过三维设计软件可以快速地设计物品并修改迭代设计模型，对于中学生来说，空间思维的掌握，是数学、物理、地理等学科知识的重要基础。那么如何掌握空间思维呢？空间思维是在经验活动的过程中逐步建立起来的，学生的经验是他们发展空间观念的基础。因此，借用 3D One Plus 这种三维创意设计软件，不仅能锻炼自己的动手能力，而且能进一步提高对二、三维空间虚拟世界的立体思维，开发大脑智力。下面我们来看看通过 3D One Plus，青少年将可以从哪些方面全面提升对虚拟空间的认识。

空间是与时间相对的一种物质客观存在形式，由长度、宽度、高度、大小表现出来。而虚拟空间是人类思维得以储存的重要的空间组成部分，虚拟空间常常在教学中作为一种特定的教学思维，对学生判断一个物体或事物的立体认识有实际的意义。

1. 二维空间模拟

二维空间是平面空间，是中小学一开始认识和理解的。3D One Plus 草图环境，即是二维空间在电脑平面上的直接模拟。学生如在一张纸面画画一样，在此空间绘制任意的平面图形。

2. 三维空间模拟

现实空间即是三维空间，人们在此认识和了解物体的大小、形状等内容。3D One Plus 的模型空间，就是现实空间的虚拟模拟，如图 5-3-15 所示。

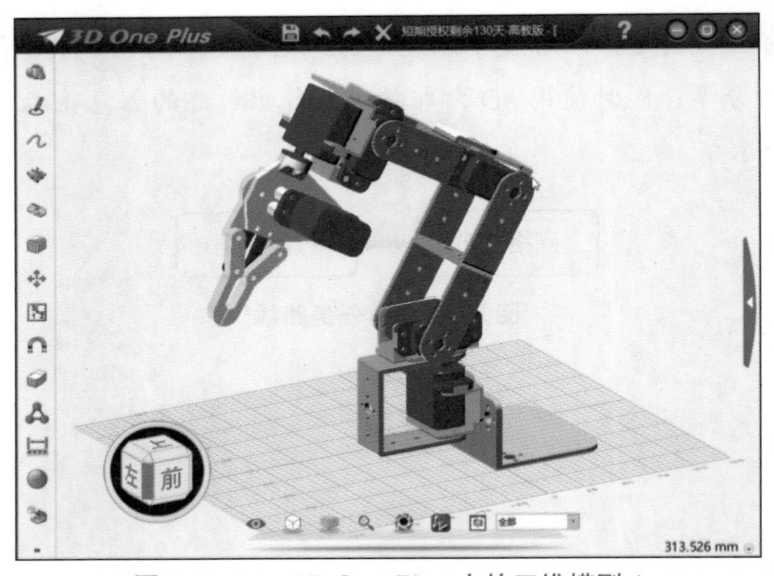

图 5-3-15　3D One Plus 中的三维模型 1

3. 形体构成模拟

中小学生需要通过课程来了解和认识基本二维形状和三维形体和的构成原理。3D One Plus 把这些形状和形体的构成原理分解，组合成多个不同的命令，学生可以通过使用这些命令，直观、深刻地理解和掌握这些原理。如直线命令：2 点构线，圆命令：圆心 + 半径，球体命令：球心 + 半径。

4. 现实物体虚拟展示

世界之大，无奇不有，想要认识不同地方的不同物体，只要有通用格式数据模型，就可以借用 3D One Plus 来展示，甚至制作。3D One 支持读取的通用格式有 IGES、STEP、STL。

5. 手工制作模拟

手动制作可以加强学生对物体的认知，培养动手能力、创新能力。3D One Plus提供多种现实手动制作方式的模拟，让学生不用受实际物料的限制，随心所欲地制作和创新自己想要的东西。如纸面画画、积木拼接、雕刻等，如图5-3-16所示。

图5-3-16 3D One Plus中的三维模型2

6. 实物立体化教学

①数学课：直角坐标系、空间坐标系、方形、柱体等。

②生物课：不同生物模型的展示。

③地理课：太阳系展示、地球仪、地理地貌。

④计算机课程：生动活跃的立体化模型。

⑤实践活动课，3D打印多媒体结合。

项目分享

方案 1：各工作团队展示交流项目，谈谈自己的心得体会，并选派代表分享交流。

方案 2：由学生代表与指导教师组成项目评审组，各工作团队制作汇报材料并进行答辩。

项目评价

请根据项目完成情况填涂表 5-3-4。

表 5-3-4　项目评价表

类　别	内　容	评　分
项目质量	1. 各个任务的评价汇总 2. 项目完成质量	☆☆☆
团队协作	1. 团队分工、协作机制及合作效果 2. 协作创新情况	☆☆☆
职业规范	1. 项目管理、实施环境规范 2. 项目实施过程、相关文档的规范	☆☆☆
建议		

注：“★☆☆”表示一般，“★★☆”表示良好，“★★★”表示优秀。

项目总结

本项目本着以工作流程为主线、以行动为导向、在实践中学习的理念，将创意类三维数字模型创意花瓶模型设计工作过程转化为项目内容，共分为规划创意花瓶模型、设计创意花瓶模型、发布创意花瓶模型 3 个任务。在规划创意花瓶模型任务中，讲解了根据需要开展调研、根据需求设计模型、绘制草图；在设计创意花瓶模型任务中，讲解了选择软件绘制三维模型、使用 3D 打印机打印模型、对模型组织试用及修改；在发布创意花瓶模型任务中，讲解了通过网络发布作品及使用 3D 打印发布作品。

项目拓展 创意椅子三维模型设计

1. 项目背景

生活中，有很多物品看起来很简单，但给人的感觉总是眼前一亮，别有新意，这些都是因为创意。现在就对生活中最常见的一种用品椅子进行创意设计，设计一张创意休闲椅。

2. 预期目标

1）创意椅子三维模型设计需要满足以下要求：

①模型创意好。

②模型外形美观。

③模型实用性好。

④模型耐用。

2）创意椅子三维模型设计参考效果图如下：

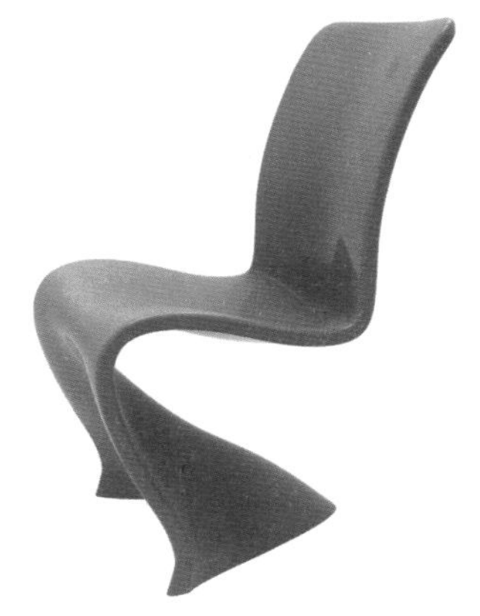

注：效果图仅作参考，请自主设计制作。

3. 项目资讯

创意思路。

____

____

____

____

4. 项目计划

绘制项目计划思维导图。

5. 项目实施

任务 1：规划计数器模型

（1）需求调研

1）制作如下格式的调查表。

调查问题	选项（勾选）

2）进行调查。

3）收集调查信息。

（2）功能分析

1）调研数据汇总。

2）调研结果分析。

制作如下格式的调研结果表。

需求项目	需求标准

（3）绘制草图

任务 2：设计书桌模型

（1）绘制模型

（2）打印模型

（3）试用模型

（4）修改模型

制作如下格式的修改任务表。

修改位置	修改办法

任务 3：发布计数器模型

（1）发布作品

1）准备作品。

2）发布正在编辑的作品。

3）发布已存储的作品。

（2）打印模型

1）文件格式转换。

2）模型切片。

3）文件转存。

4）3D 打印机设置。

5）打印结束后移出产品。

6）模型物化后处理。

6. 项目总结

（1）过程记录

记录项目实施过程中的各种情况，为工作总结提供依据，如表格不够，可自行加页。

序 号	内 容	思考及解决方法
1		
2		
3		

（2）工作总结

从整体工作情况、工作内容、反思与改进等几个方面进行总结。

7. 项目评价

内 容	要 求	评 分	教师评语
项目资讯（10分）	回答清晰准确，紧扣主题，没有明显错误		
项目计划（10分）	计划清楚，图表美观，能根据实际情况进行修改		
项目实施（60分）	实施过程安全规范，能根据项目计划完成项目		
项目总结（10分）	过程记录清晰，工作总结描述清楚		
态度素养（10分）	按时出勤、积极主动、清洁清扫、安全规范		
合计	依据评分项要求评分合计		

专题6 个人网店开设

2015年6月11日，国务院颁发《关于大力推进大众创业万众创新若干政策措施的意见》〔2015〕32号文件，营造创业环境，释放创业活力，实现落地生根，推动模式创新，依托“互联网+”、大数据等，建立和完善线上与线下商业模式等创业创新机制，全国掀起“大众创业”“草根创业”新浪潮。2015年7月4日，国务院颁布《关于积极推进“互联网+”行动的指导意见》，加快推进“互联网+”发展，重塑创新体系、激发创新活力、培育新兴业态，主动适应和引领经济发展新常态，形成经济发展新动能。2020年5月22日发布的《2020年国务院政府工作报告》中提出，全面推进“互联网+”，打造数字经济新优势，深入推进大众创业、万众创新。

本专题实践性强，以行动导向、任务驱动为主要形式，按照“项目—任务—拓展”的学习过程，根据职业领域典型工作任务，基于典型的电商平台，把思政元素融入职业工作新情境、新模式和新方法，把实战项目任务化，构建了四个实践任务：个人网店的策划、网店的开设、网店的装修与美化、网店的运营维护。在教学实施时，可根据不同专业方向选择具体的教学任务实施。这四个任务的内容要求简要描述如下：

1. 个人网店的策划：从行业形势、货源渠道、竞品分析、客户群体画像、自身职业方向进行分析，能够完成产品营销网店搭建的前期策划，包括店铺主营商品类别选择、网店定位、电商平台选择等。

2. 网店的开设：熟悉产品营销网店开店的准备材料，能够基于主流电商平台，注册账号及实名认证，完成个人网店的申请开设及基本设置。

3. 网店的装修与美化：会根据网店定位进行店铺装修，能够完成店标、店招、轮播广告的制作。

4. 网店的运营维护：会基本的商品拍摄、主辅图与详情页的制作，能够完成商品的发布，了解基本的网店营销手段和订单处理内容，能够进行网店的订单处理及销售数据分析。

项目背景

随着网络购物的盛行，小小与同学们一样，平时在网上买了不少东西，一到放学，校门口挤满快递小车，快件摊满了一地，快递箱柜前取件的同学络绎不绝。看到如此景象，小小对电子商务产生了兴趣，萌生想法，为什么不试试开设一间网店？于是小小把想法跟创客团队成员说了出来，大伙儿早有同感，一拍即合，迅速组成了开设网店的团队。于是，这支团队在导师的指导下，学习了开设网店的一些相关知识，决定在淘宝平台开设个人网店，一起投入创业实践的浪潮之中。

项目分析

小小团队对个人网店的开设进行了初步分析，拟定了项目计划。首先，对网店进行整体策划，包括网店主营商品类目选择、目标客户群体画像、网店风格定位、开店平台选择；接着着手注册账号，实名认证，把网店开起来；然后制作店招、海报轮播图等进行网店装修和美化；最后进行网店日常运营与维护工作，包括商品拍摄，主辅图和详情图制作，商品发布、上架、下架，参加营销推广活动，以及对网店接到的订单进行处理、客户评价等售后服务工作。项目结构如图 6-1-1 所示。

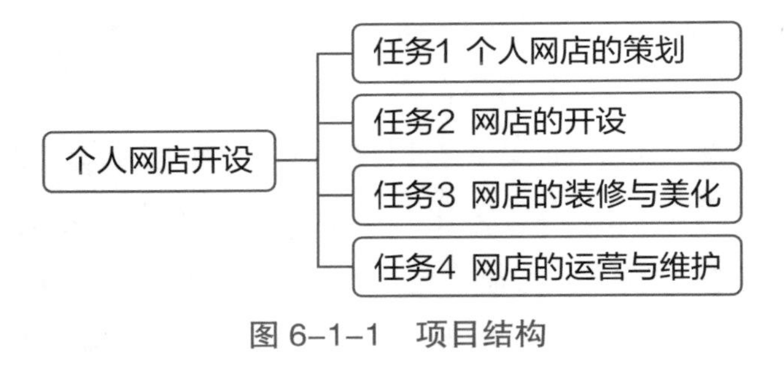

图 6-1-1 项目结构

学习目标

- 能够对网店搭建进行整体策划，包括店铺主营商品类目选择、客户人群画像、网店风格定位、电商平台选择等。
- 能够搜集整理搭建网店的基本资料，并能在典型电商平台申请开设个人网店及熟悉网店的基本设置。
- 能够根据网店风格定位进行店铺装修，熟悉店标、店招、轮播广告等网店宣传资料的制作与上传。
- 熟悉商品拍摄、主辅图与详情页制作的基本方法，能发布商品，了解基本的网店营销手段，并能进行网店订单处理。对网店进行基本的数据分析。

个人网店的策划

任务描述

小小主持网店的策划工作，带领团队成员仔细研究了中国互联网络信息中心（CNNIC）每半年发布一次的《中国互联网络发展状况统计报告》，越研究越发现互联网中蕴藏许多契机，特别适合个人创业、草根创业和微创业。大家的话题主要集中在几个关键点："还有细分市场吗？开一个什么样的店铺？在哪里开网店呢？卖什么？卖给谁？需要多少成本呢？"小小团队聚焦了讨论结果，并着手付诸行动。

任务分析

小小团队对相关网络市场开展调研，对行业类目竞品也进行了对比分析；对网络市场进行了细分，从消费心理特征对客户群体进行画像；在此基础上对网店进行整体规划，梳理货源渠道，锁定网络细分市场、目标客户群体和店铺主营商品类目，做好开店准备工作。任务路线如图 6-1-2 所示。

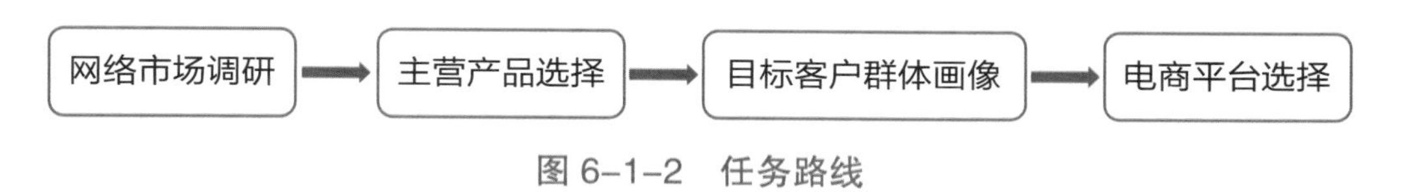

图 6-1-2　任务路线

1. 电子商务模式

电子商务模式是指在网络环境中基于一定技术基础的商务运作方式和盈利模式。目前，常见的电子商务模式主要有 B2B、C2C、B2C、O2O 等几种。

（1）B2B 电子商务模式

B2B（Business to Business）电子商务模式，即企业对企业的电子商务模式，是指进行电子商务交易的供需双方都是商家（或企业、公司），他们使用了互联网的技术或各种网络商务平台，完成商务交易的过程。B2B 电子商务模式属于批发型电子商务，代表网站有阿里巴巴、慧聪网。

（2）C2C 电子商务模式

C2C（Consumer to Consumer）电子商务模式是指个人与个人之间的电子商务。例如一个消费者有一台电脑闲置，通过网络进行交易，把这台电脑出售给另外一个消费者，这种交易类型就称为 C2C 电子商务模式。C2C 模式属于最早期的电子商务模式，如易趣网、淘宝网。

（3）B2C 电子商务模式

B2C（Business to Consumer）是企业对个人的缩写，中文简称为“商对客”。这种形式的电子商务一般以网络零售业为主，主要借助于互联网开展在线销售活动。B2C 电子商务模式即企业通过互联网为消费者提供一个新型的购物环境——网上商店，消费者通过网络在网上购物、在网上支付。B2C 代表网站有京东、当当网、苏宁易购等。

（4）O2O 电子商务模式

O2O（Online to Offline）是线上交易到线下消费的缩写，O2O 电子商务模式分为线上交易到线下消费体验；线下营销到线上交易；线下营销到线上交易再到线下消费体验；线上交易或营销到线下消费体验再到线上消费体验四种模式。例如：保险直购 O2O，苏宁易购 O2O，大众点评 O2O 等。

2. 网店的定位

网店定位是指网店重点针对某细分市场，某类客户群体销售产品，包括产品定位、价格定位和消费群体定位。对网店进行市场定位的过程就是寻找网店差别化的过程，即如何寻找差别、识别差别和显示差别的过程。网店定位通常经过以下步骤来实现，如图 6-1-3 所示。

图 6-1-3　网店定位的步骤

3. 开网店选品

货品是网店运营的前提，优质货源是网店成功的先决条件，并不是所有商品都适合在线销售，也不是任意货品都能成为爆款，找到适合网店经营的货品是网店运营的前提，优质货源是网店成功的先决条件。开网店选品建议如下：

（1）有利可图

作为小微创业者，不得不考虑赢利，确保持续经营，才能够做大做强。所以，要在合理的范围之内，实现网店利润扩大化，选品时一般选有较好利润的。当然，不要做单价太低的产品，一般小微创业者的单量在前期还是有限的，单价太低本身就没有多少利润可赚，单价低的产品可以作为促销产品给网店进行推广，以引来客户浏览网店其他产品。

（2）无季节影响

在给网店选品时，要选择没有季节性影响的产品，一年四季都可以销售，这样的好处是一方面避免了季节性影响所带来的淡旺季，另一方面也不会有太大的存货压力。对于小微创业者来讲，建议是尽量在开始创业的时候，选择受季节性影响比较小的类目。需要说明的是，网店若是经营时令果蔬等农产品，也要注意做好货源随季节性接应，这对于网店在货源选择上还是蛮有挑战的。

（3）货源稳定

开网店一定要保证有稳定的货源提供，作为小微创业者而言，很难做到自己囤积大量的货，所以要有一个稳定的供货源。那种随着季节变化或者随着时间变化，淘汰太快的产品有时候也是不适合的，最好能有一个相对稳定的供应链。除了网店货源的稳定性外，网店选品要选择能够重复性消费的商品，比如说零食、宠物用品、母婴用品等，这些都属于重复性消费品。

1. 网络细分市场调研

（1）制作线下问卷调查表

经过讨论，小小团队决定以经营网上文具店为主题，制作该网店细分市场调研问卷，并分别制成线上调研问卷和线下调查问卷，以适应对于不同人群的调研。

您好！我们是创客工作室市场细分团队，为了更好地实现理论与实践相结合，学以致用，我们特展开此次调查活动，希望您在百忙之中抽出宝贵的时间，协助我们完成以下这份问卷，衷心感谢您的配合！

1. 您的性别是（　　）。

A. 男　　B. 女

2. 您属于的年龄段是（　　）。

A. 10~15 岁　　B. 16~18 岁　　C. 19~25 岁　　D. 25 岁以上

3. 您的职业是（　　）。

A. 记者　　B. 学生　　C. 教师　　D. 国家机关人员

E. 其他

4. 您经常购买的文具是（　　）。

A. 笔　　B. 纸　　C. 修正液　　D. 其他

5. 您经常购买的文具品牌是（　　）。

A. 晨光　　B. 橘林　　C. 真彩　　D. 其他

6. 您购买的文具有什么图案（　　）。

A. 无图案　　B. 卡通　　C. 花朵　　D. 其他

7. 您购买的文具的颜色是（　　）。

A. 清一色　　B. 黑色　　C. 紫色　　D. 其他

8. 您经常在（　　）购买文具。

A. 文具店　　B. 商场　　C. 网店　　D. 直播间

E. 其他

9. 您经常在哪个网站上购买文具（　　）。

A. 淘宝网　　B. 天猫　　C. 嗨淘网　　D. 京东

E. 其他

10. 您每月用于文具消费的金额大概在以下哪个范围（　　）。

A. 5 元以下　　B. 5~15 元　　C. 15~20 元　　D. 20 元以上

11. 您是否喜欢购买一整套文具（　　）。

A. 是　　B. 否

12. 您一般在哪个时间购买文具（　　）。

A. 双休日　　B. 节假日　　C. 工作时　　D. 其他

13. 您大概在多少时间内更换一次文具（　　）。

A. 一星期　　B. 一个月　　C. 一个半月　　D. 2 个月以上

14. 您一般对以下哪些渠道得到的信息更为心动（　　）。

A. 网络广告　　B. 商场海报　　C. 朋友推荐　　D. 网络直播

E. 其他

15. 您经常使用的文具有哪些缺点或不足____________。

感谢您在百忙之中抽出时间帮助我们完成调查工作，谢谢！

（2）制作线上问卷调查表

线上问卷调查表可以使用手机微信中的小程序制作。具体制作请参考如下步骤。

步骤 1：在手机微信小程序搜索栏输入“问卷”，会出现很多关于问卷的小程序，这里点击“问卷星”进入小程序，然后按步骤进行操作。先登录，然后选择问卷类型，再从创建空白问卷开始，如图 6-1-4 所示。

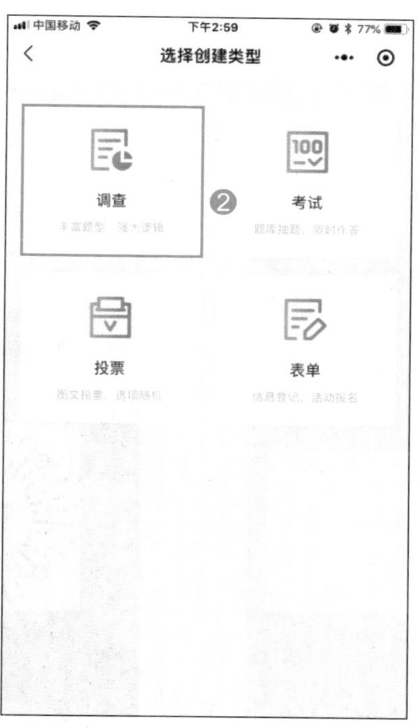

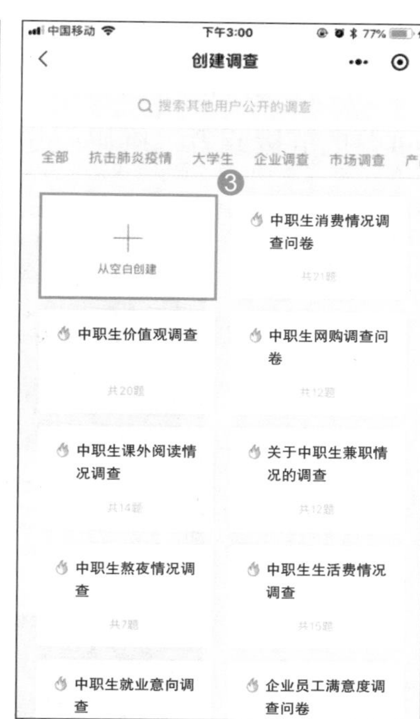

图 6-1-4 创建线上问卷

步骤 2：录入调查名称及说明，选择题型，逐一录入题干与选项。待全部问题录入完毕，预览问卷，设置问卷外观，设置记录问卷访问者来自的城市，设置问卷发放时间，并保存问卷，随即发布问卷。如图 6-1-5 所示。

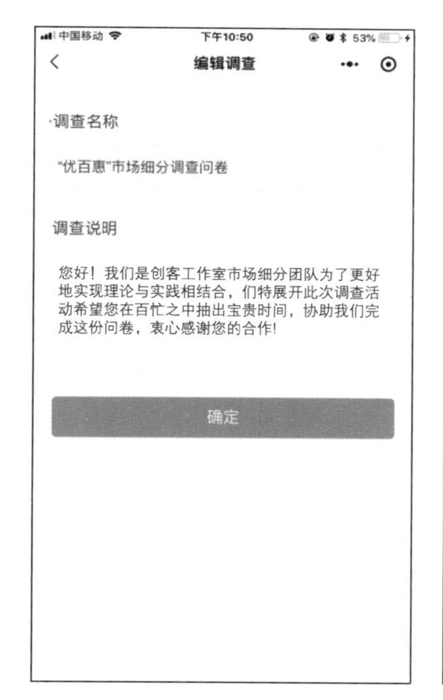

图 6-1-5 编辑调查

（3）信息收集

将两种媒体的问卷同时展开调查，纸质问卷实地面对面发放、回收；通过小程序的调查问卷把链接或者二维码发送到有关的群，定时收集信息，如图 6–1–6 所示。

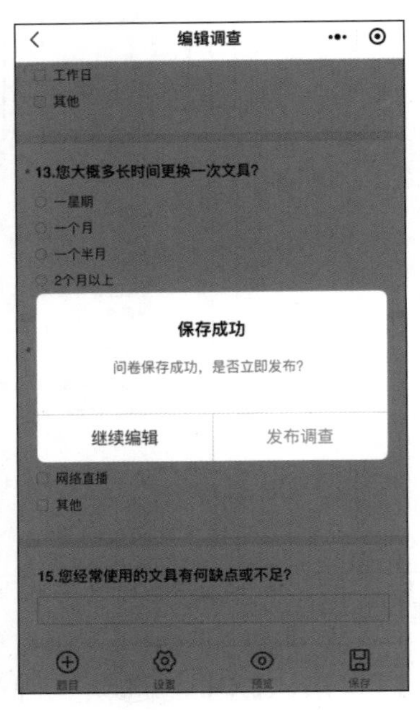

图 6–1–6　发布调查问卷

（4）调研数据统计分析

根据调查表对文具的使用人群与购买人群的选购平台、品牌、功能、场景、金额、频率等进行统计汇总。其中，经常购买的文具是笔和纸，分别占 100% 和 61.1%；经常购买的文具品牌是晨光、真彩两类，分别占到 100% 和 27.78%。如图 6–1–7 所示。

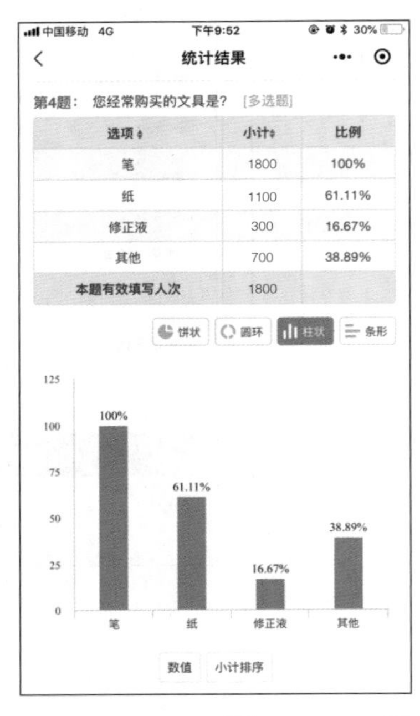

选项	小计	比例
笔	1800	100%
纸	1100	61.11%
修正液	300	16.67%
其他	700	38.89%
本题有效填写人次	1800	

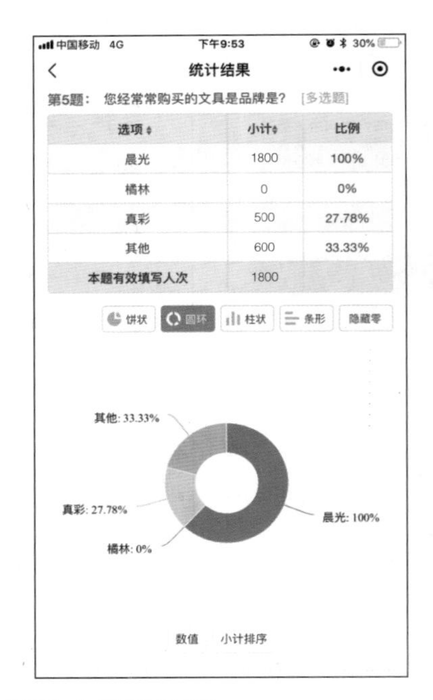

选项	小计	比例
晨光	1800	100%
橘林	0	0%
真彩	500	27.78%
其他	600	33.33%
本题有效填写人次	1800	

图 6–1–7　经常购买的文具及品牌

对于“您购买的文具有什么图案”一项的调研，83.33% 的被访者购买的是无图案文具，22.22% 的买家选购有卡通图的文具。当问到经常在哪里购买文具，100% 的被访者都选择在文具店购买，38.89% 的被访者在网店购买，有 11.11% 的被访者在直播间买过文具，如图 6–1–8 所示。

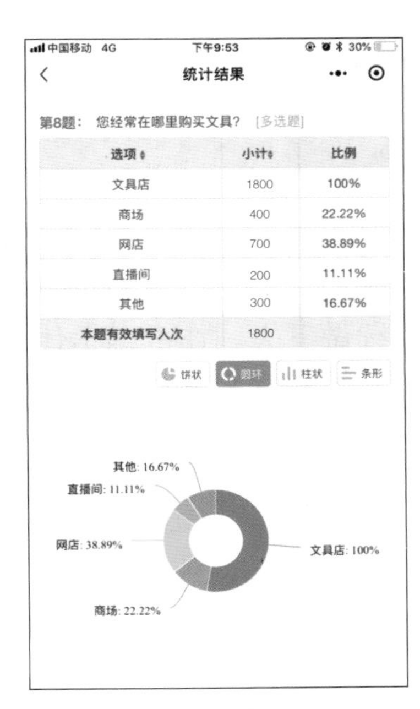

图 6–1–8 购买文具有无图案、购买地点

当问到经常在哪个网站购买文具时，72.22% 的人选择在淘宝网店购买，22.22% 的人在京东上购买；当问到对哪些渠道获取的信息更为心动时，77.78% 的被访者重视朋友推荐而心动，33.33% 的被访者对商场海报心动，如图 6–1–9 所示。

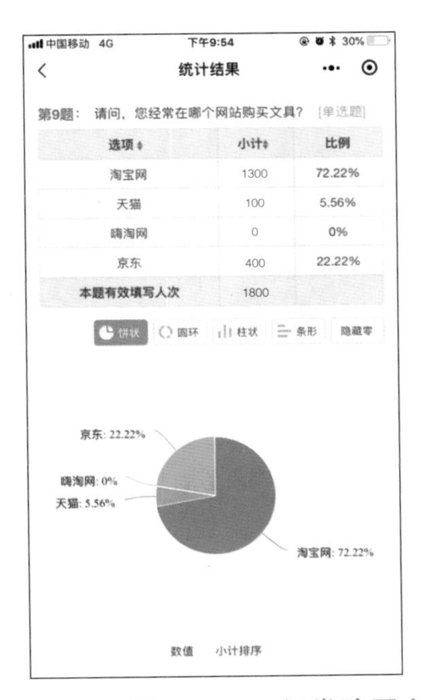

图 6–1–9 经常购买文具的网站及更心动的渠道

综上调查数据图表，对开店项目提供了一些决策的参考依据，确定在10~18岁这个年龄段，以经营笔、纸为主，主营文具品牌，在淘宝平台开店，开通直播销售，同时建立起社交圈，推文具套餐系列，如表6-1-1所示。

表6-1-1 调查分析参考结果

消费群体特征	年龄	名称	品牌	平台	渠道	营销方式
定位	10~15岁 16~18岁	笔、纸	晨光	淘宝、直播间	社交圈	文具套餐

2. 主营产品选型

经过多方面的学习了解到，开网店初期最重要的是选品，产品选的对不对，关系着能否赚钱，能否持续做下去。在考虑卖什么的时候，一定要根据自己的兴趣和能力而定，尽量避免涉足不熟悉、不擅长的领域；也要确定目标顾客，从顾客的需求出发选择商品。于是，小小团队根据以下这8条着手进行“优百惠”的产品选型。

①选品要量力而为。产品与投资形成对比，若手头只有几千或几万元，想要做几十万元一单的生意，这个想法是危险的。

小小团队根据预算，选择的文具类别为：书写工具、学习用品、纸制品、办公文具、文件管理用品以及展示和包装用品。

②选品时，要“做熟不做生”。

小小团队根据圈子大小，决心在起步时期选择具体文具为：中性笔、荧光油漆笔、笔芯、白板笔、圆珠笔、装订机、修正品、仪尺、桌面文具、固液体胶、笔筒、计算器、削笔机、剪刀、笔袋、铅笔、尺规、笔记本、证书、作业本、易事贴、复印纸、文件袋、抽杆夹、桌面收纳品、资料册、胶带、白板，以及报纸杂志架。

③充分发挥专业优势。在选品时，要充分发挥自己的专业优势，选择自己可控的产品。

据此，小小团队将选品调整为：中性笔、笔芯、白板笔、圆珠笔、装订机、修正品、固液体胶、笔筒、削笔机、剪刀、笔袋、铅笔、尺规、作业本、易事贴、文件袋、抽杆夹、白板。

④充分发挥地理优势。有了地理优势和原厂的优势，会助力网店发展。

据此，小小团队的选品调整为：晨光中性笔、小盆友笔芯、紫微星白板笔、得力圆珠笔、无印良品圆珠笔、凌美圆珠笔、迪士尼削笔机、英雄铅笔、新华文轩作业本、易事贴、良山文件袋、创易抽杆夹、优力优白板。

⑤不要只看眼前。选品，不能只考虑眼前，还要考虑未来是否能够受欢迎。

小小团队对选品进行微调，选择这些产品：晨光中性笔、紫微星白板笔、得力圆珠笔、凌美圆珠笔、迪士尼削笔机、英雄铅笔、新华文轩作业本、易事贴、良山文件袋、创易抽杆夹、优力优白板。

⑥选择利基市场产品。利基市场是指市场中通常被大企业忽略的某些细分市场，或是更窄地确定某些消费群体的一个小市场，并且它的需要没有被服务好，有获取利益的基础。

据此，小小团队深挖利基产品市场，对选品进行微调与补充：去掉凌美圆珠笔，增加马可铅笔。最终全部选品为：晨光中性笔、紫微星白板笔、得力圆珠笔、马可铅笔、英雄铅笔、迪士尼削笔机、新华文轩作业本、易事贴、良山文件袋、创易抽杆夹、优力优白板。

⑦关于代销货源。选品固然重要，但也要综合考虑是否使用代销货源，还是自己进货、发货。

据此，小小团队认为，为确保品质，还是自己进货、发货。

3. 目标消费群体画像

消费者画像，即消费者信息标签化，是通过收集与分析消费者社会属性、生活习惯、消费行为等主要信息的数据之后，完美地抽象出一个消费者的商业全貌。

小小团队拟对消费者进行初步画像，从人口属性（地域、年龄、性别、文化、职业、收入、生活习惯、消费习惯和兴趣爱好等）和产品行为（产品使用目的、兴趣偏好、消费需求、使用场景、行为习惯等）这两个维度着手，并参照样例进行画像。

（1）实地访谈

通过实地访谈法，就“文具”话题访谈生活中熟悉的人，并把谈话对象的个人资料按如下样例进行整理，搜集一线数据。

姓名：伍××

籍贯：江西吉安人

年龄：36岁

学历：高中文化

工作：目前自己和家人在广州做五金批发生意

家庭状况：儿子12岁，女儿6岁

购房情况：在广州已购房

购车情况：面包车一辆，送货

家庭年收入：20余万元

买文具年限：7年以上

购买原因：为孩子读幼儿园、小学买文具，按老师的要求买

媒体接触：微信使用频繁，看网络直播，偶有看电视，喜欢看家庭剧，不看新闻，偶有跳广场舞，几乎不用QQ

未来愿望：身体健康，有能力就帮两个孩子备一些起步资金

（2）整理自述材料

参照如下的样例，整理受邀访谈者的自述材料。

买文具典型人群自述

我买文具有好多年了，我儿子 4 岁上幼儿园时，就帮儿子买文具，到现在儿子上小学六年级，女儿上幼儿园，特别是每年开学那段时间，陪着小孩去买文具。

儿子放学回家，第一时间拿出一张纸条，上面写着要买哪几样文具，有作业本、笔、橡皮擦、尺规，还有笔盒，儿子还特意嘱咐我，中性笔有 0.5、0.38 和 0.35 的规格，叫我不要买错。买尺子的时候，儿子说尺子上的刻度要能显示毫米刻度的才可以。我拿着儿子给我的纸条就去附近的文具店里选。有时候儿子怕我买错，要陪我一起去文具店买。店里的老板拿着我递过的纸条，跟我核对型号与数量后，麻利地将商品从琳琅满目的货架挑出来。

有时候儿子放学回家，我还没有回到家中，儿子就打电话叫我帮他带文具回家，比如带什么规格的笔芯、什么颜色的卡纸等。我有时候记性不好，挂完电话后就忘了去文具店买，而直接回家，到家后，不得不再去店里给儿子买文具。

现在女儿也开始上幼儿园，两个小孩读书，感觉培养压力也蛮大，但作为父母的我们，看着儿子、女儿写作业的情形，心里也感觉到特别开心。

（3）消费群体画像

对访谈对象进行画像，贴上标签，如图 6-1-10 所示。

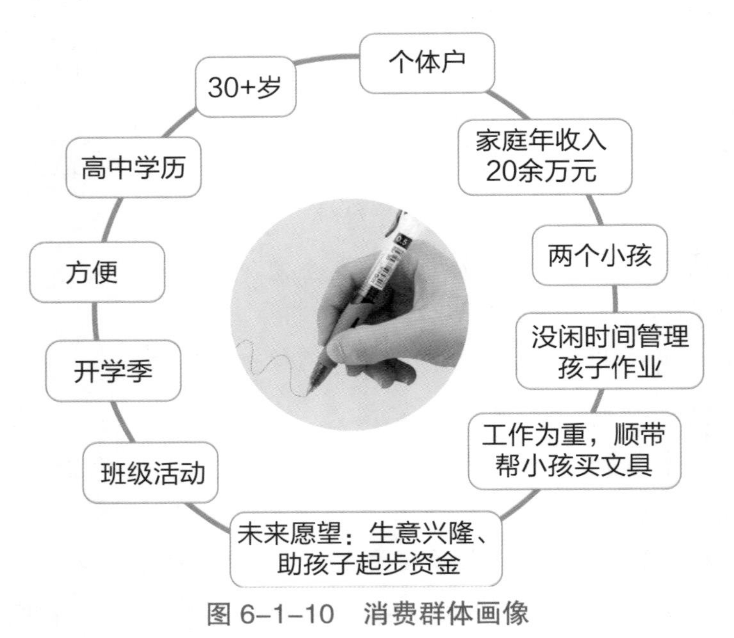

图 6-1-10　消费群体画像

（4）目标客户定位分析

小小团队根据主营商品，制作了目标客户定位分析表，如表 6–1–2 所示。

表 6–1–2 目标客户定位分析表

分析项目	实际情况
主要年龄层分布	6~18 岁、19~24 岁、25~40 岁
性别分布	男、女
职业分布	小学生、中学生、大学生、个体户、自由职业
消费心理	1. 按需购买，理性消费，根据实际情况选购笔袋、铅笔、橡皮等文具，理性对待商家的各种促销行为，一般不会贪便宜，但忌购买不必要的文具； 2. 选择在正规场所购买，选择具有经营资质、信誉良好的大型商场、超市、文具用品店或者在第三方平台开设的品牌旗舰店购买，一般不选择在无质量保证、无法追溯产品来源的消费场所购买； 3. 选购时认准合格产品
主要诉求	购买方便、质量好、不易伤到身体、不易损坏

（5）完善网店目标消费者定位

根据“优百惠”文具优选网店目标消费群体画像，整理和完善网店目标消费者定位。

“优百惠”文具优选网店目标消费者定位

文具网店的实际用户大多数年龄段是 6~18 岁，女性较多，多为学生，买文具也比较有规律，所买文具种类主要是书写工具、学习用品、纸制品、包装用品，对文具品质较为信赖。

此类人群受口碑推荐影响大，对文具的广告及传播活动不甚关注，但对新品敏感度高，此类人群本身对文具忠诚度高，推荐度高，因此不必要做过多的营销传播或推广活动来刺激购买，而且此类人群年龄小，社会阅历少，生活方式比较单一，营销传播推广活动也很难发挥影响，同时，随着年龄的增长，此类人群将会逐渐退出购买文具的群体，因此针对此类人群应以亲友团队为重点，如家庭成员的培育、套装优惠购买推广即可。

4. 电商平台选择

根据导师的提议，对比分析电商平台的优势与劣势（表 6–1–3），结合自身情况，选择门槛低、创业资金少、风险低的淘宝网比较适合作为初创者的电商平台。

表 6-1-3 电商平台的优势与劣势

电商平台	优势	劣势
淘宝网	1. 知名度高，大部分消费者已经习惯使用淘宝交易； 2. 消费者信任程度高； 3. 流量大； 4. 平台成熟，有完善的交易机制	1. 卖家众多，竞争激烈； 2. 开天猫店费用相对较高
拼多多	1. 流量没有固化，新进入者容易获得流量； 2. 店铺运营比淘宝店铺运营相对简单； 3. 消费者购买程序简单，更容易下单； 4. 入驻费用低； 5. 平台上升期，有机会做大	价格低，低价竞争严重
抖音小店	1. 玩抖音的人多，流量足、容易积累粉丝； 2. 同类竞争少，在抖音上开小店的商家较少； 3. 抖音短视频内容为王，抖音的推荐机制较好，每个人都有爆火的机会	转化率相对而言比较低

梳理出的网店基本资料，见表 6-1-4。

表 6-1-4 网店基本资料

项目	内容	说明
网店名称	优百惠文具优选店	反复斟酌店名，一经确定，不轻易改动
网店介绍	本店是提供中小学生文具的专卖店，品牌多，规格、型号、款式齐全，适时推出新品	用一句话介绍店铺
所属分类	办公 / 办公文教 / 文具	第三方平台类目基本一致
主营商品	中性笔、笔芯、白板笔、圆珠笔、铅笔、削笔机、作业本、易事贴、文件袋、抽杆夹、优白板	列出所要出售的商品

除了淘宝网店，小小身边还有一些朋友开了微店。微店有哪些特点？哪些产品适合在微店销售呢？

网店的开设

任务描述

小小团队已经通过分析和调研完成了网店的前期策划，接下来创客团队准备按计划在淘宝平台开设个人店铺。

任务分析

为了快速通过网店申请与认证，首先要了解网店开通的流程并整理出资料清单，按照清单准备注册所需的资料。然后进入申请流程：注册支付宝账号并完成设置，接下来注册淘宝账号，并将淘宝账号和支付宝账号进行绑定，最后再开通卖家账号后即可申请开店，实名认证成功后且店铺开设成功即可完成店铺基本信息设置。任务路线如图 6-1-11 所示。

图 6-1-11　任务路线

1. 淘宝网开店基本知识

①成为支付宝会员：免费注册。

②支付宝实名认证：确保双方能正常诚信的交易。

③开店申请认证：一个身份证只能创建一个淘宝店铺。上传身份证照片后，等待 3 个工作日左右，会有审核结果反馈。

④淘宝大学：这是一个线上学习平台。开店初期，需要不断地学习，了解货源、价格、运送、售后等相关问题在淘宝大学都能够找到答案。

⑤发布 10 件不同的宝贝，并保持出售中的状态，就可以免费开店。“宝贝”是淘宝平台对商品的一种称呼。

⑥淘宝开店必须通过淘宝开店考试，这是淘宝网对新卖家启用的新规则，考试主要内容来自《淘宝规则》，须达到 60 分才能通过。

⑦在淘宝网上做生意，和买家沟通需用阿里旺旺。阿里旺旺的聊天记录是以后处理

纠纷的最重要的证据。阿里旺旺是一款即时沟通软件，又称千牛卖家版。

⑧做电商，其实是做服务，不管是技术支持，还是退换货服务，都要做到细致到位，这样才是一位好卖家。

2. 个人淘宝开店不需要收费

淘宝上无论是个人类型店铺还是企业类型店铺，无论是在电脑端操作还是无线端操作，目前淘宝集市开店都是免费的。但是为了保障消费者利益，开店成功后部分类目需缴纳一定额度的消保保证金，保证金缴纳成功后随时可申请解冻。

若是企业在天猫（即淘宝商城）上经营必须缴纳保证金，保证金主要用于保证商家按照天猫的规则进行经营，并且在商家有违规行为时根据《淘宝商城服务协议》及相关规则规定用于向天猫（淘宝商城）及消费者支付违约金。

企业在天猫（淘宝商城）经营必须缴纳年费。年费金额以一级类目为参照，分为 3 万元或 6 万元两档。

值得注意的是，每个公民和公司都有依法纳税的义务，假如淘宝网接到各地工商要求提供卖家的交易记录，淘宝网也有配合的义务。

3. 淘宝店铺状态

①出售中的宝贝数量连续 3 周为 0 件，系统会发送旺旺及邮件提醒卖家。宝贝数量连续 3 周为 0 件，必须发布宝贝，否则卖家的店铺将有可能暂时释放（即店铺被删除的意思）。

②出售中的宝贝数量连续 5 周为 0 件，店铺会暂时释放，系统会发送旺旺及邮件告诉卖家。店铺已经暂时释放，但是系统将为卖家的店铺名保留一周，卖家任意发布一件新宝贝或上架仓库中的宝贝，24 小时后，店铺即可恢复之前开店状态。

③出售中的宝贝数量连续 6 周为 0 件，店铺会彻底释放，系统会发送旺旺及邮件告诉卖家。当店铺已经彻底释放后，任何人都可以申请并使用卖家的店铺名称。

4. 个人网店的申请与开通流程

个人网店的申请与开通流程如图 6–1–12 所示。

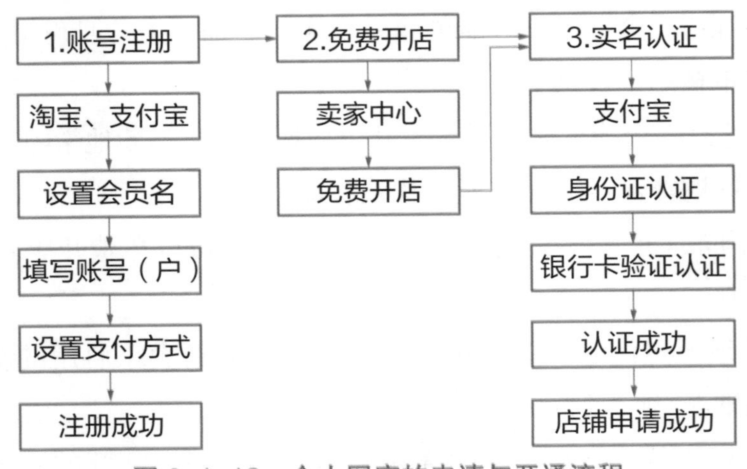

图 6–1–12　个人网店的申请与开通流程

5. 网店的命名

开网店需要一个好的店铺名称，为网店取名时，一般遵循“简短、独特、新颖”等原则，并考虑与店铺经营类目、品牌商标以及目标用户特点相结合的命名方式，例如网店名称：黄小厨、川渝人家、一杯暖心水、布丁小站、往事如茶、果脯传说、华果膳、霓裳细软、星之星数码、有鲤中国风等，如图 6–1–13 所示。通过对店名的分析，大家能掌握网店店名的起名方法，这里列举几点关于店名的取名禁忌。

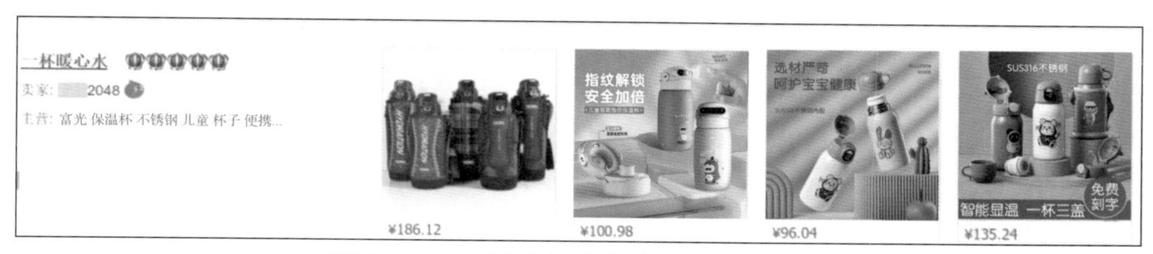

图 6–1–13 网店的命名（一杯暖心水）

（1）不能够随便改名

网店若是经营了一段时间，那么便积累了一定的客户，而店名也有了相当的知名度。如果时不时就更换自己店铺名字，会让顾客产生怀疑，给人一种不值得信赖的感觉。

（2）不要使用生僻字

这正如给人取名时一样的道理。若是店铺名中有一些生僻的字眼，顾客当然也没有时间去查阅字典，就算产品卖得再好，但人家在推荐你的店铺时只能说“那 ×× 的店铺，东西真好”，这样谁能找到你的店铺呢?

（3）不要模仿知名品牌的店铺名字

不要因为知名品牌做得大、做得好，自己就想要沾别人的光，起一个雷同的，或者只改动了一个字的名字。这样的店铺名字不利于店铺日后的发展。

1. 开通个人网店的资料准备

小小团队着手在淘宝网上开通个人店铺，根据导师给的资料表格，整理开店前需要的相关资料，主要包括店主的身份信息和店主的银行卡信息，如表 6–1–5 所示。

表 6–1–5 网店开通基本资料表

店主姓名		店铺名称	
性别		个人邮箱	
手机号		电话	

续表

身份证号码		职业	
联系地址		证件有效期	
会员名		主营类目	
银行卡号		持卡人姓名	
经营地址		主要货源	
店铺介绍			
身份证正反面照片、半身照			

2. 个人网店的开通

（1）注册淘宝账户

打开淘宝网首页，单击页面左上角的“免费注册”链接，如图 6–1–14 所示，按照步骤提示进行账户注册即可。

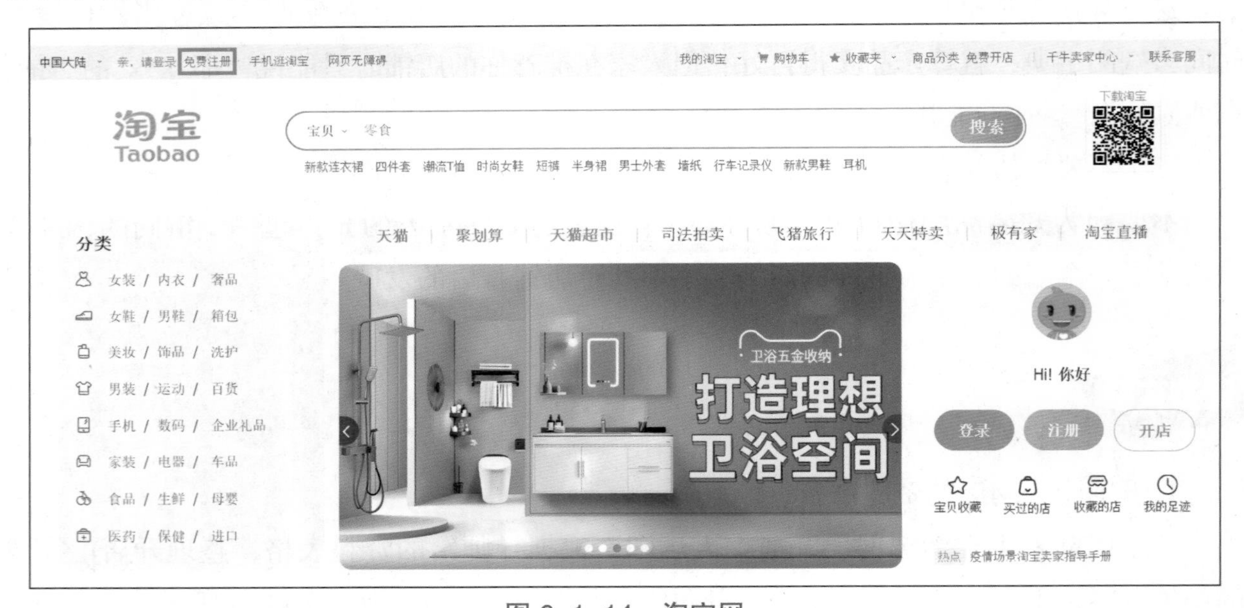

图 6–1–14　淘宝网

需要注意的是，在设置用户名（会员名、登录名）时，应尽量与店铺名称或主打商品有一定的关联，因为会员名具有唯一性，一旦注册成功会员名将不能修改，如图 6–1–15 所示。

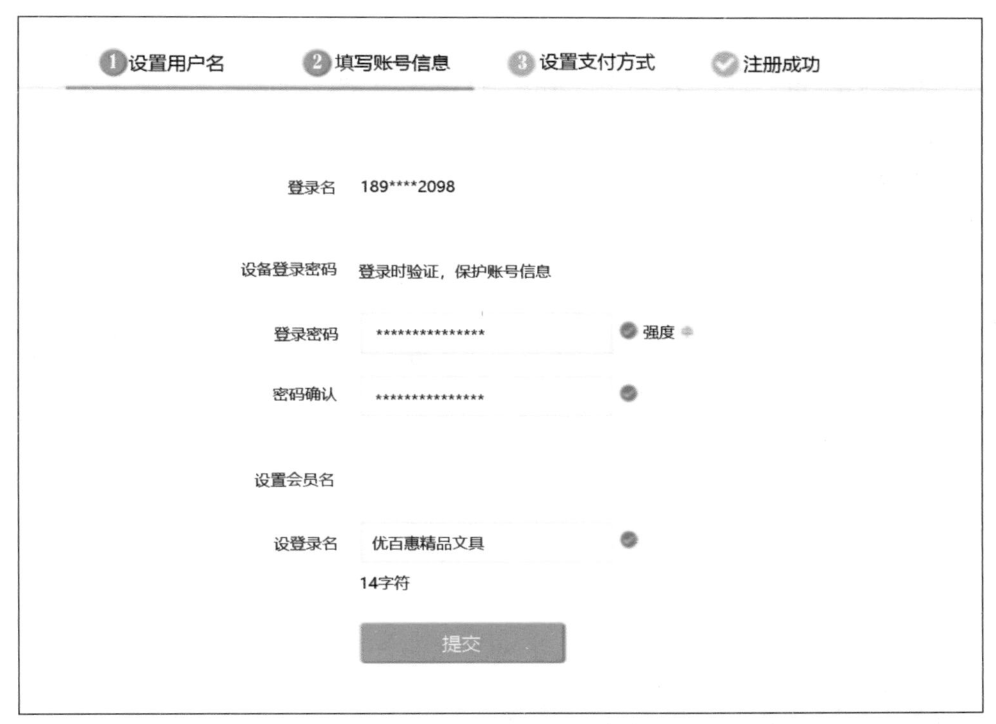

图 6-1-15　设置用户名

支付方式的设置，同时也是作为买家的账户实名认证操作。为保证交易安全，需设置和登录密码不同的支付密码，密码设置标准为 6 位数字，如图 6-1-16 所示。

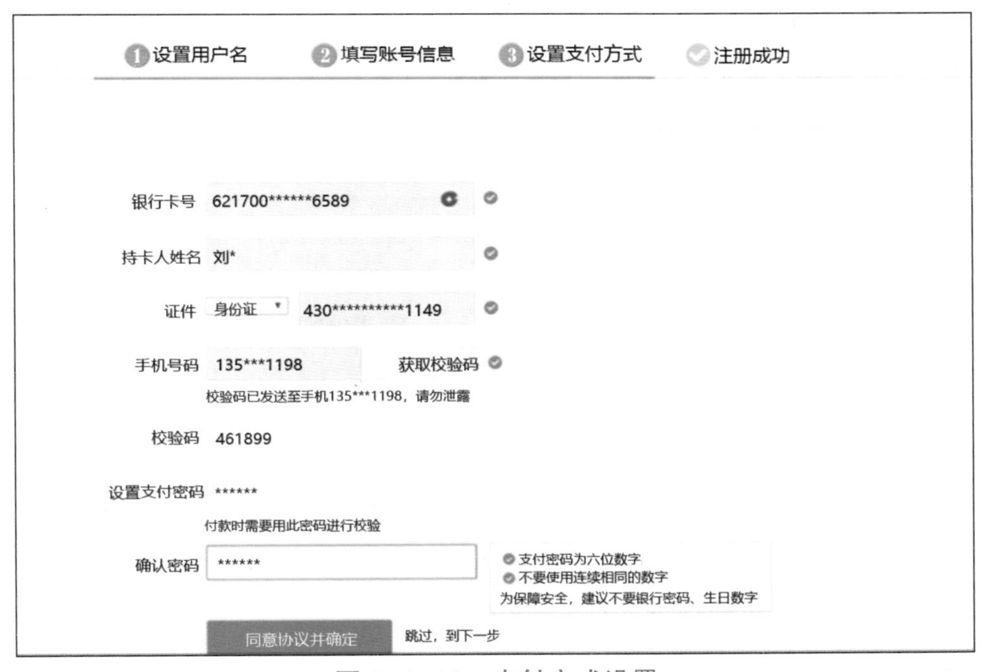

图 6-1-16　支付方式设置

（2）申请开通个人网店

登录淘宝网首页，选择页面右上角“千牛卖家中心”下的“免费开店”链接，如图 6-1-17 所示。

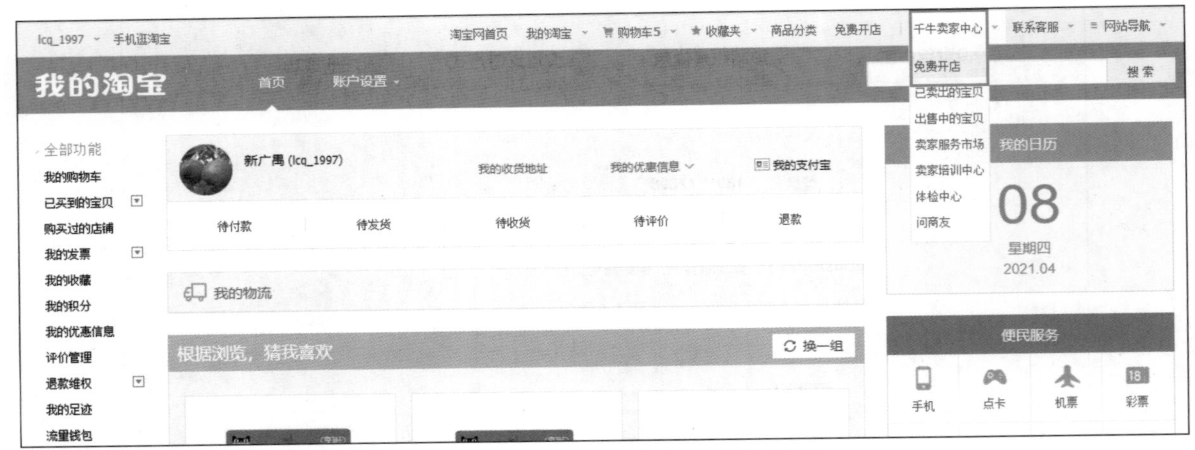

图 6-1-17　单击“免费开店”链接

选择开店类型为个人店铺类型，阅读开店须知，确认自己符合个人店铺的相关规定，然后进入“申请开店认证”，按提示提交认证相关资料，等待审核通过，如图 6-1-18 所示。

图 6-1-18　申请开店（我要开店）

（3）支付宝实名认证

在申请开店步骤中有两项认证：支付宝实名认证与淘宝开店认证，这两者有先后次序，支付宝的实名认证可以用电脑端认证或用手机端认证。单击“立即认证”，即可进行支付宝实名认证，如图 6-1-18 所示。按照提示进行身份证、银行卡信息的填写，上传即可，等待平台确认合格后，即可完成支付宝实名认证。

（4）淘宝开店认证

进行淘宝认证，需要填写与上传身份证信息，一般要求是：身份证正面照要求头像清晰，身份证号码清楚可辨认；必须和手持中的身份证为同一身份证；要求原图，无修改；手持身份证照片内的证件文字信息必须完整清晰；身份证有效期根据身份证背面（国徽面）准确填写。如图 6–1–19 所示。

图 6–1–19　支付宝认证、淘宝认证

只有支付宝实名认证和淘宝开店认证都通过了，才可以开店。

最后，仔细阅读开店协议，勾选同意，承诺做一个遵守规则的淘宝个人店铺店主之后（如图 6–1–20 所示），淘宝个人店铺就申请成功了。

图 6–1–20　淘宝个人店铺申请成功

3. 店铺基本设置

打开千牛卖家中心，在导航中选择“店铺基本设置”，打开“淘宝店铺”页面，根据任务栏提示完成相应店铺的设置，如图 6-1-21 所示。

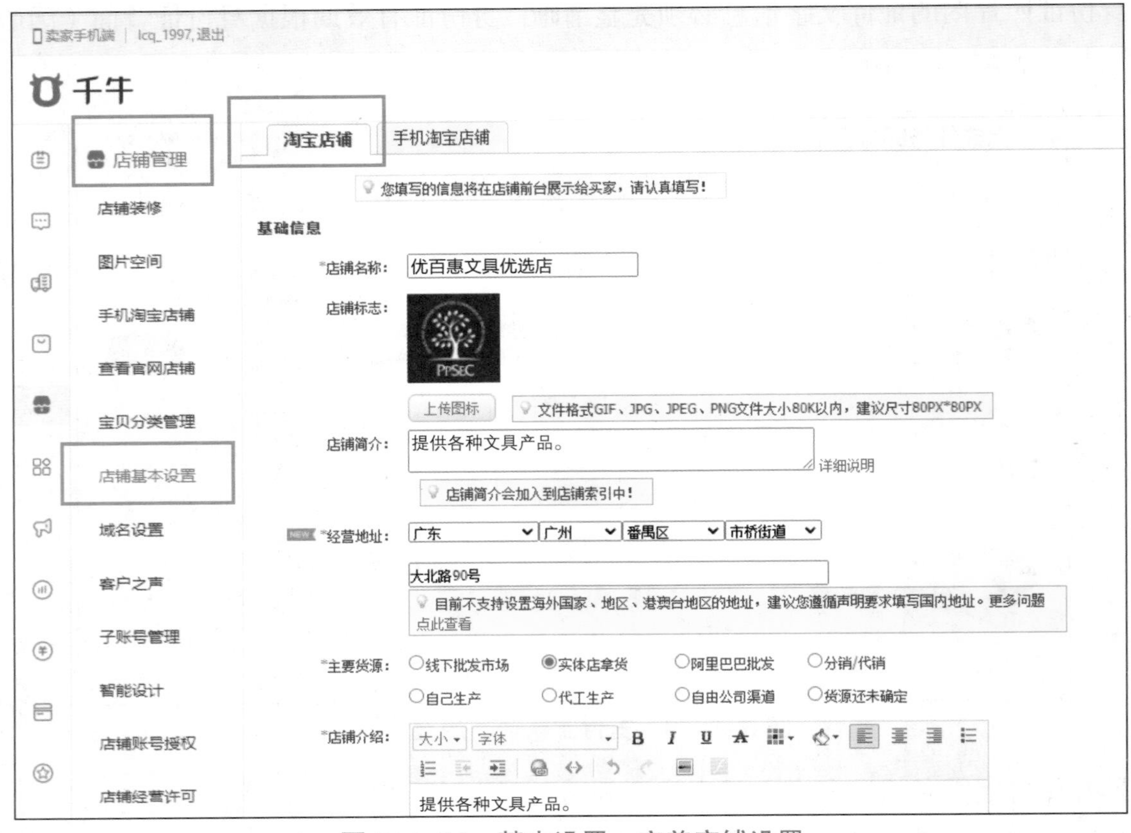

图 6-1-21　基本设置：完善店铺设置

①店铺名称详见任务 1 中相关内容。

②店铺标志（Logo）的设计规格及要求请参照任务 3 中相关内容来完成。

③店铺简介要方便买家搜索，可以彰显个性化，基本内容包含：

a. 掌柜签名：店铺的签名或者店铺梦想展示，比如“您的私人文具优选家”。

b. 主营宝贝：网店商品的类型、风格等，比如“绘画优选文具”。

c. 店铺动态：店铺最近的促销信息，比如全场包邮等。

具体后台编辑格式举例如下：

【掌柜签名】优百惠，您的私人定制文具店 /【店铺动态】全场包邮 /【主营宝贝】绘画精品文具

④店铺介绍：主要填写主营商品、服务承诺、默认物流、活动通告等，并申明所有信息真实有效，保存即可，如图 6-1-22 所示。

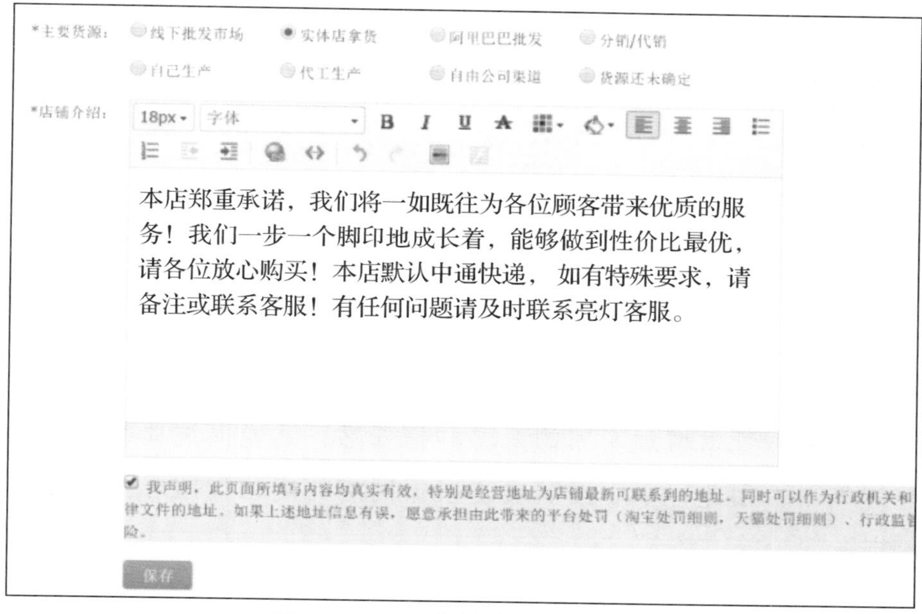

图 6-1-22　完善店铺介绍设置

淘宝企业店铺是一种介于公司直营和个人卖家之间的店铺。普通个人卖家通过身份认证就可以开店，淘宝企业店铺则需要认证企业营业执照、税务资料等。淘宝个人店铺和企业店铺开店在认证条件等方面有较大的区别，如表 6-1-6 所示。

表 6-1-6　个人店铺和企业店铺开店认证

店铺类型	认证条件	显示标识	店铺名称享有权益
个人店铺	个人身份信息	无	店名不允许出现如“旗舰店”“专卖店”或和“旗舰店”等近似的违规信息
企业店铺	企业营业执照	店铺名片区会显示“企”字标	店名可使用关键字：企业、集团、公司、官方、经销

思考：如果开设企业店铺，还需要满足什么条件呢？

任务3 网店的装修与美化

任务描述

小小团队的网店已经顺利开通了，接下来对网店进行装修。小小团队通过调查了解，店铺良好的外观形象，可以增加买家的好感和信任感，还能促进商品销售，对店铺的品牌宣传起到关键作用，因此，小小团队决定根据网店的定位，结合主营商品的特点对开设的网店进行装修。

任务分析

根据调查数据显示，目前淘宝网流量大多来于移动端，小小团队决定首先进行手机端网店装修。在开店初期，店铺装修可以选择一键装修首页，这种方式简便易行，新手店家能快速上手，也提高了后期商品上架的效率；当上架的商品多了，需要调整店铺的布局，突显个性化的特点，再进行人工精装修店铺。一般来讲，初期店铺装修主要涉及店标、店招、轮播广告等，实现店铺首页的装修与美化，任务路线如图 6-1-23 所示。

图 6-1-23 任务路线

1. 网店装修的作用

网店装修和实体店装修是一个道理，都是为了让店铺更加漂亮，更加合理，更吸引人，增强用户的信任度，建立店铺的品牌。甚至对于网店而言，网店的装修设计更为重要，因为客户只能通过图片或者是文字来了解卖家及产品。归纳起来，网店装修的目的有以下几方面：为了给买家提供更便捷的服务，简单快速地找到自己需求的商品；为了促进买家下单，降低跳失率，提高转化率；为了让买家自身对店内销售有一个清晰的了解。

2. 网店风格与装修素材

在店铺进行装修前，先要确定店铺的整体风格。店铺风格是由卖家的产品和服务人群来决定的。在选择网店装修素材的时候，不能因个人喜好去选择，而是要根据网店所设定的风格和产品的风格去确定。比如某淘宝网店是田园风格的，那么就应该选择清新雅致、富有恬淡气质的素材；如果是中国式风格，就应该选择带有中国特色风格的素材。总而言之，素材的选择不能脱离网店主题和产品风格。

3. 网店装修内容

确定店铺风格后，便着手店铺装修，网店装修内容基本包括以下几部分：全屏海报、宝贝分类、图片轮播、宝贝推荐、搜索框，以及旺旺客服模板、店铺收藏链接、店铺音乐等。

4. 店招及其规格

店招就是商店的招牌，用以吸引顾客。好的店招要求是有字、颜色、宽度、长度、清洁、明亮。随着网络交易平台的发展，店招已延伸到网店中，网店的店招就是店铺的招牌，淘宝网店的店招就是淘宝店铺最上方的长条块区域，一般也有统一的大小要求，淘宝网、京东的店招为 950 像素 ×150 像素，格式为 JPG、GIF，亦可根据实际情况自己设定尺寸，如图 6–1–24 所示。

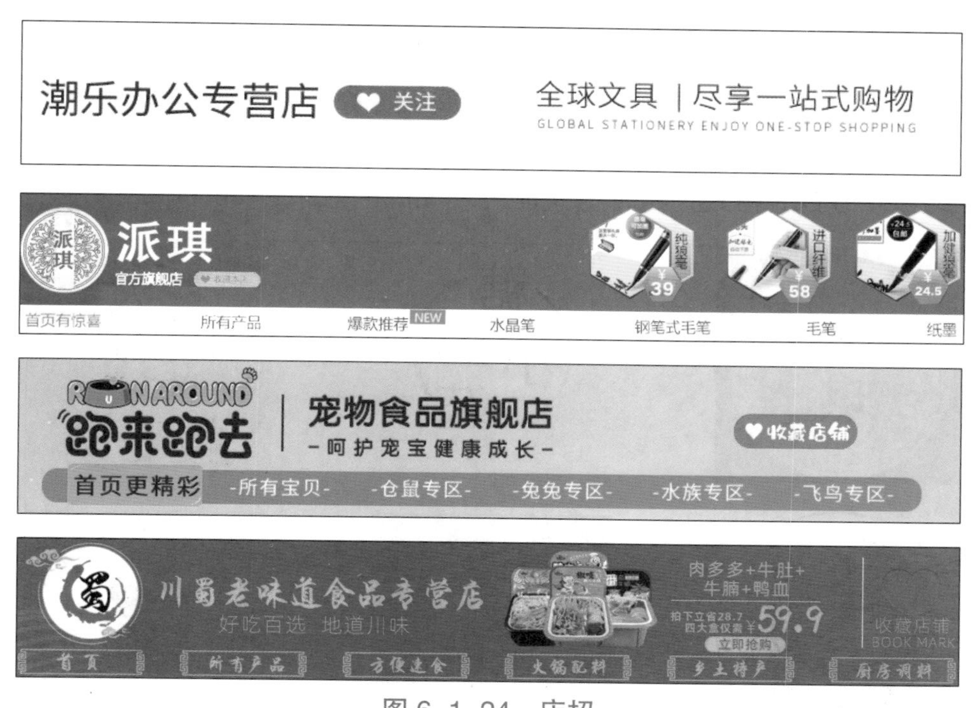

图 6–1–24 店招

5. 店标及设计要求

淘宝店铺标志即为店标，用英文 Logo 表示，作为一个店铺的形象参考，给人感觉最直观，代表着店铺风格、店主品位、产品特性，能起到宣传作用。店标尺寸通常为 100 像素 ×100 像素，淘宝店铺的标志大小为 80 像素 ×80 像素，80KB 以内，支持 GIF、JPG

和 PNG 图片格式。当顾客在淘宝搜索店铺的时候，搜索结果最左栏显示的就是店标，而淘宝店铺页面基本就不显示店标，如图 6–1–25 所示。

图 6–1–25　搜索结果左侧栏显示店标

根据图片的不同显示效果来划分，店标通常是分为动态店标和静态店标两种。静态店标是指店标的图片是静态表现；动态店标则是一种动作的表现形式，是一幅动态的图片，动态店标格式一般为 GIF 格式，这种格式能再现动画的效果，如图 6–1–26 所示。

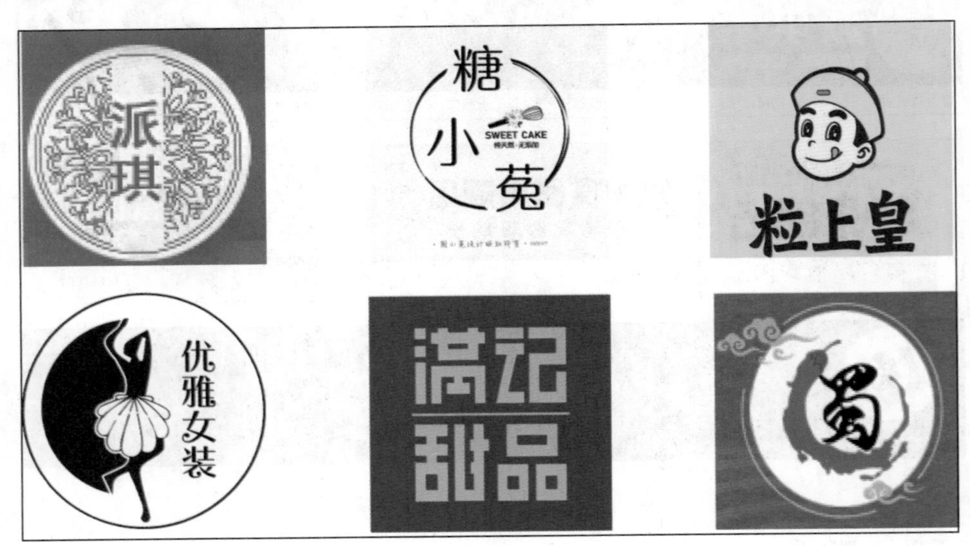

图 6–1–26　淘宝店铺店招

淘宝店铺标志制作，第一要注意整体构思，切合主题，例如凸显店铺的主营业务，或者强调店名的内涵；第二是围绕主题选择素材，例如通过花鸟动物来表现，或者通过人物、卡通漫画角色来展现；第三是色调的问题，不同的色调给人的感觉和代表的含义都是不同的，要与整个版面匹配协调。

6. 店标与店招的关系

店标与店招是两个作用相辅相成的概念，店招中可以放置店标（Logo），而且品牌Logo需放置在显眼的位置上；店招体现店铺的品牌诉求，若有促销信息，则可以在店铺促销的时候放到店招上，活动结束之后及时把促销信息去掉，保持网店的品牌性；店招的视觉重点不需要太多，只需要1~2个，倘若重点过多，不仅起不到宣传作用，反而会引起买家反感，影响用户停留时间；店招颜色不能过于复杂，需要保持整洁性，切忌太花哨，否则会让顾客视觉疲劳。

7. 图片轮播广告

店铺首页上图片轮播广告，是淘宝旺铺最流行的促销模块，淘宝店铺上的轮播图一般是有创意的，附带有特效，具有较强的视觉冲击，并且顾客单击图片便能链接跳转到商品页面，增加流量，提升销量。许多卖家热衷制作淘宝轮播图，希望吸引更多的买家查看本店商品。

淘宝轮播图的尺寸规格没有严格的规定，常见宽度为950像素，高度在300~500像素。如果是全屏海报，那么宽度一般会大一些，约为1920像素。

1. 网店装修

在手机上下载并安装手机淘宝APP与千牛卖家版，并登录。

步骤1：在千牛卖家中心，在“店铺装修”中选择并进入手机淘宝店铺，如图6-1-27所示。

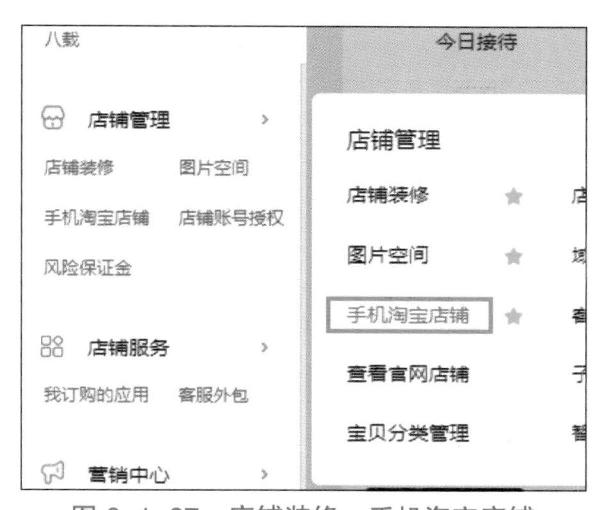

图6-1-27　店铺装修—手机淘宝店铺

步骤 2：在无线店铺页面选择“立即装修”，如图 6–1–28 所示。

图 6–1–28　无线店铺装修

步骤 3：使用新版旺铺完成首页装修，一键装修首页如图 6–1–29 所示。

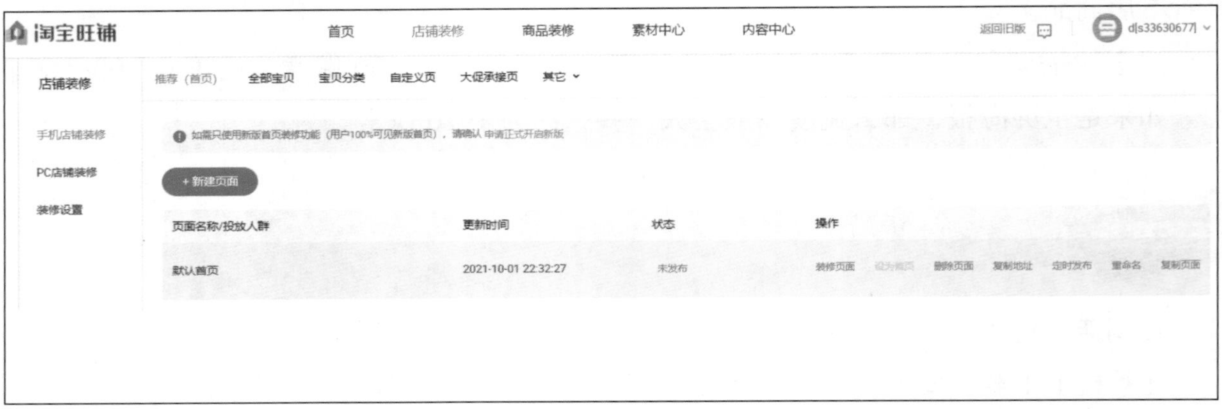

淘宝旺铺　首页　店铺装修　商品装修　素材中心　内容中心　返回旧版

店铺装修　推荐（首页）　全部宝贝　宝贝分类　自定义页　大促承接页　其它

手机店铺装修

PC店铺装修

装修设置

+新建页面

页面名称/投放人群	更新时间	状态	操作
默认首页	2021-10-01 22:32:27	未发布	装修页面　设为首页　删除页面　复制地址　定时发布　重命名　复制页面

图 6–1–29　一键装修首页

步骤 4：在“手机店铺装修”新建一个装修页面，并命名为“宝贝推荐”，如图 6–1–30 所示。

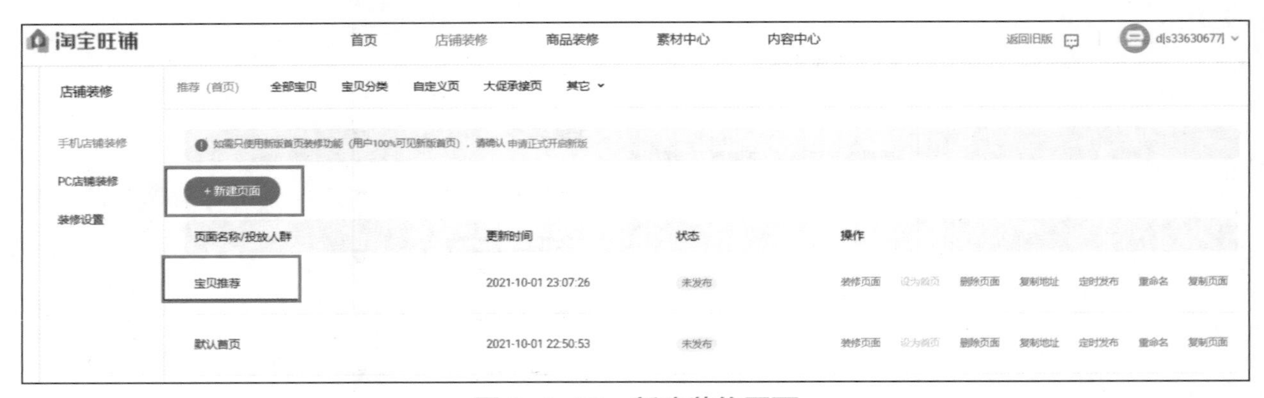

图 6–1–30　新建装修页面

步骤 5：在“装修设置”里选择一个适合的模板，例如“智能宝贝推荐”，如图 6–1–31 所示。

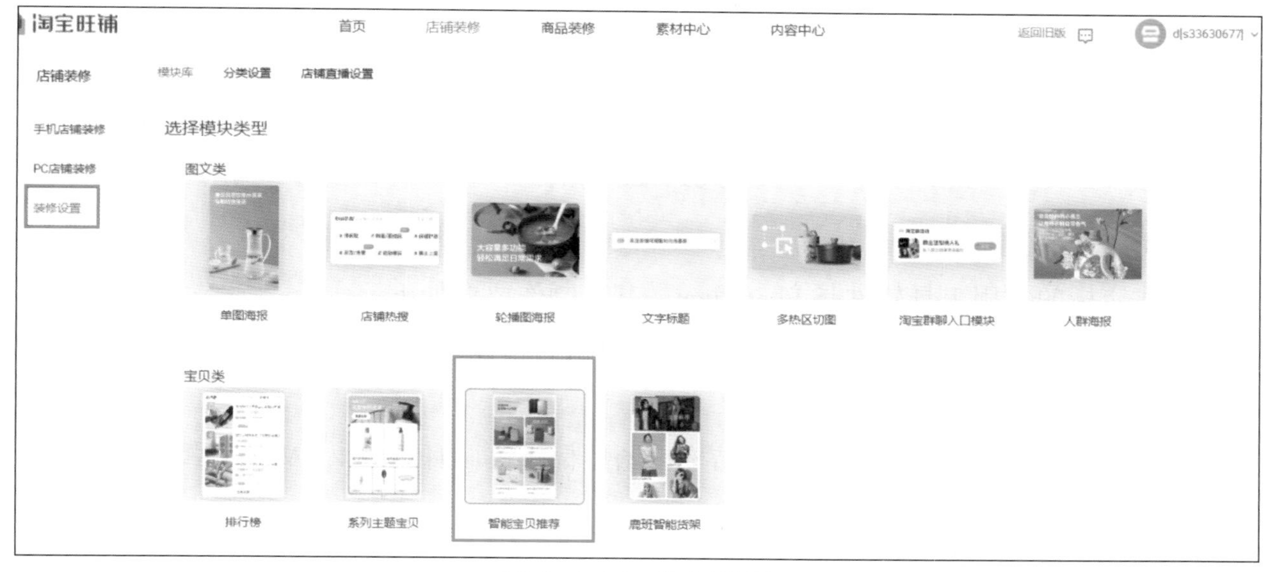

图 6–1–31　选择模板

步骤 6：选择模板后，相应的页面名称：单击“装修页面”进入页面装修编辑器，左边为页面容器，右边为装修工作区域。例如，调整手机终端店铺页面布局，选择左侧的轮播图模板，以拖动的形式将其排列在页面布局中。如图 6–1–32 所示。

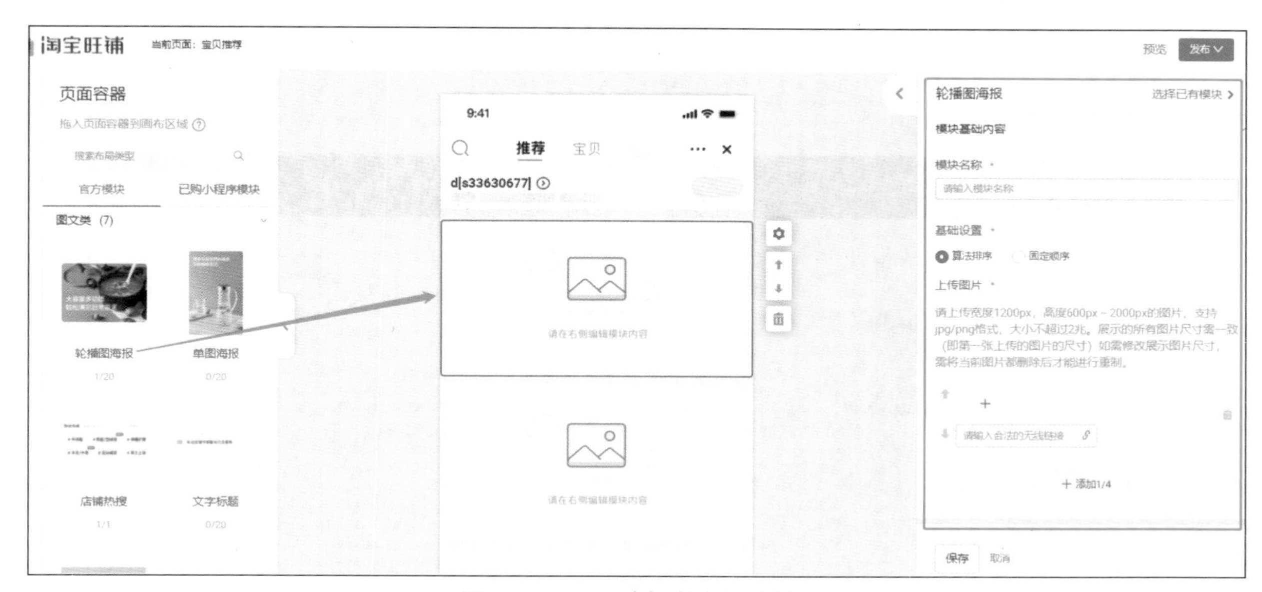

图 6–1–32　选择轮播图模板

2. 店标的制作与上传

店标设计力求简约、好识记，必备元素是店铺名称（或简称）和能够代表店铺主营商品的图形标志。本店铺主营的商品类别是绘画工具和办公用品等，可采用简笔画的形式，将彩色铅笔与店铺名称融合在一起，具有一目了然特点，如图 6–1–33 所示。

图 6-1-33　店标

（1）店标的制作要求

制作店标的常用工具软件是 Photoshop，基本制作要求如下。

①新建一个 120×120 像素的文件，背景根据店招设计的需求，可以选择纯色，也可以选择透明。

②整体布局：整体布局采用圆形结构，图形标志占圆环内 3/4，文字呈弧形环绕于上方，将店标设计为圆形印章形状，简洁大方。

③图形标志为铅笔的简笔画，笔尖为黑灰色，笔头木纹为灰色，笔杆黄色、白色间隔，插入圆环内，作为店标的主体。

④输入店铺名称，颜色为黑色，文字居中，弧形环绕于上方。

⑤保存：文件命名为“Logo”，避免与其他图片混淆。

（2）店标的上传

①单击左侧“通用设置”下的基础设置，随后点击右侧的“店铺 Logo 设置”按钮，如图 6-1-34 所示。

图 6-1-34　店铺 Logo 设置

②单击“替换图片”按钮（图 6–1–35），在弹出的对话框中，选择制作好的文件并上传，并点击“确认”按钮即可，如图 6–1–36 所示。

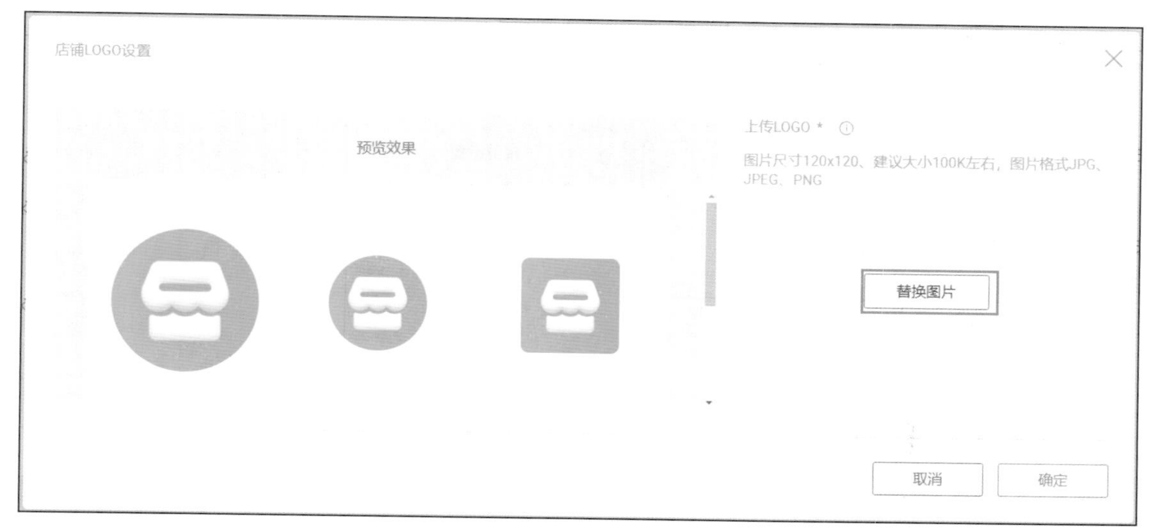

图 6–1–35　替换图片

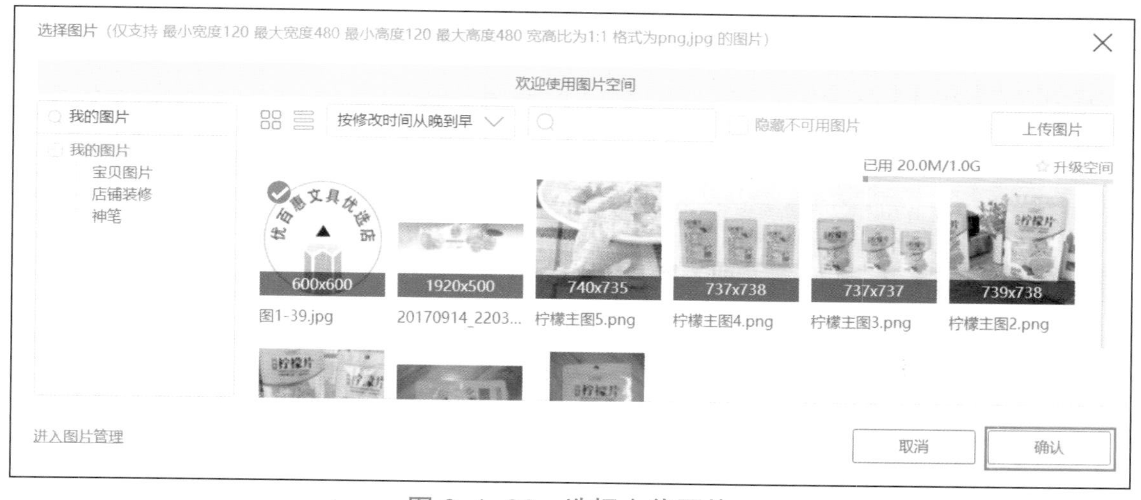

图 6–1–36　选择上传图片

3. 轮播广告的制作与上传

轮播广告图是店铺主推商品，或促销活动海报，手机店铺只能上传 4 张轮播广告，广告图力求商品突出、定位精准，具有良好的视觉营销的特点。广告图固定宽度 750 像素，高度控制在 200~950 像素，要求一组内的图片高度完全一致，支持 PNG、JPG 格式。广告的设计与制作方法参照任务 4 详情页中商品海报的制作。

在“轮播图模块”上传图片，一是按规格上传图片，二是可以添加轮播广告 4 张图片，要求同一组内的图片高度完全一致，如图 6–1–37 所示。

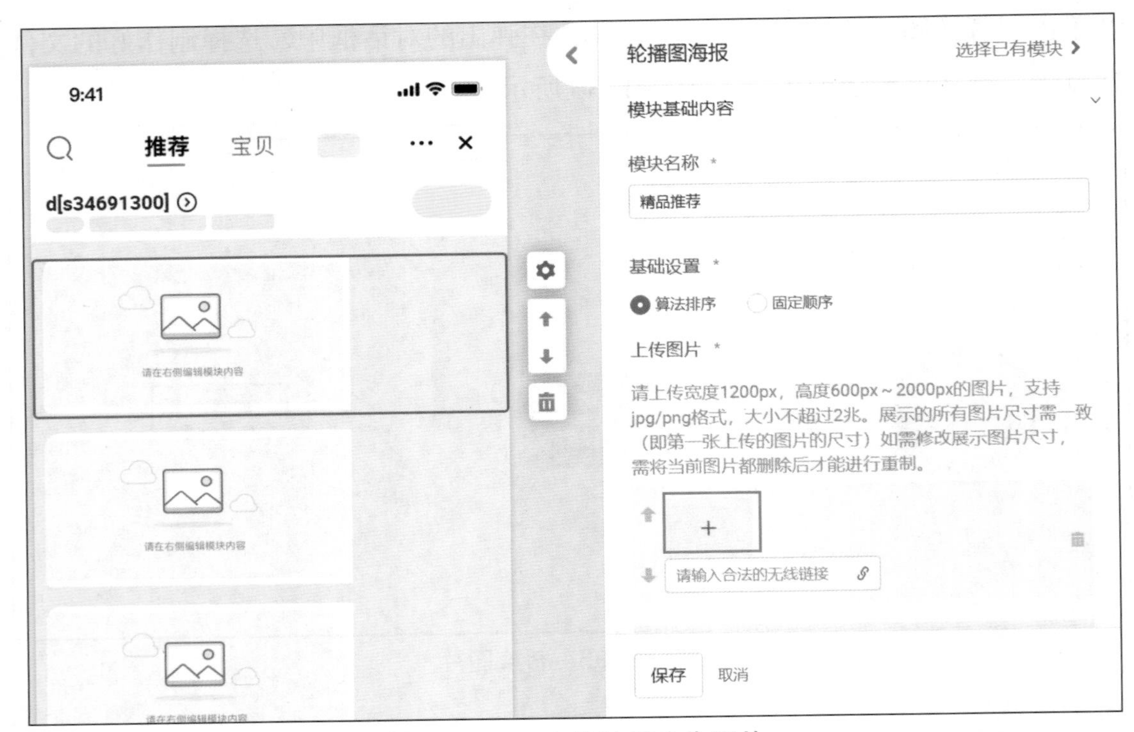

图 6-1-37 上传轮播广告图片

轮播广告上传成功后，进行“商品链接”设置，单击链接符号，添加指定商品，以达到一键直达的效果，如图 6-1-38 所示。

图 6-1-38 添加商品链接

4. 店招的制作与上传

店招必要元素是店铺的名称、店铺的店标 Logo 和主营商品名称，如图 6-1-39 所示。

图 6-1-39 “优百惠文具优选店”店招

（1）店招的制作

制作店招的常用工具软件是 Photoshop，基本制作要求如下。

①新建一个 750 像素 ×580 像素的文件。

②整体布局：整个布局为左右结构，素材占画面的右边 1/4 区域，文字居中，Logo 置于左上角，等比例缩小，以简洁明快的方式展示店铺的特点，起到宣传的作用。

③插入素材加菲猫，适当调整大小，旋转一定的角度，置于右边 1/4 区域。

④输入店铺名称，颜色为白色，居中放置，主营商品置于店铺名下方，简洁大方。

⑤保存：文件命名为“店招”，避免与其他图片混淆，文件大小控制在 400KB 左右。

（2）店招的上传

步骤 1：选中店招区域，单击“上传店招”按钮，如图 6-1-40 所示。

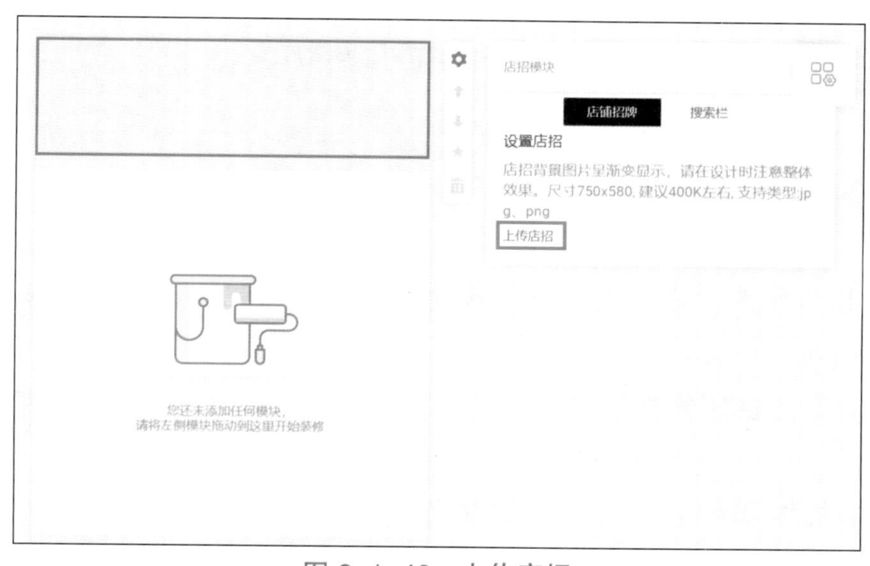

图 6-1-40 上传店招

步骤 2：替换店招图片，如图 6–1–41 所示。

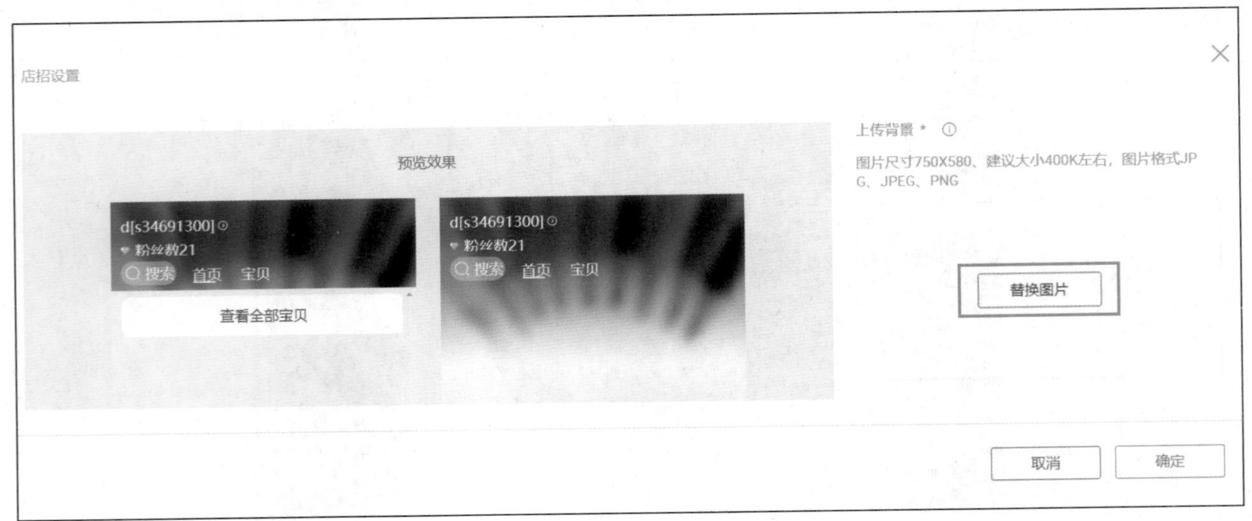

图 6–1–41　替换店招图片

步骤 3：勾选上传的店招图片并上传，如图 6–1–42 所示。

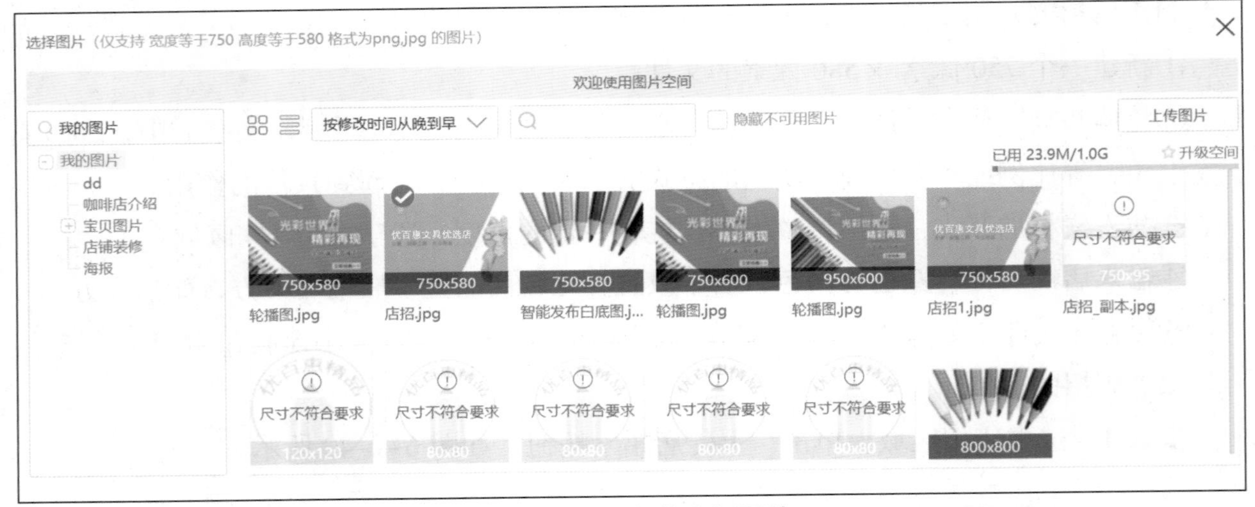

图 6–1–42　上传店招图片

1. 店铺名称的修改，需要在计算机终端的装修页面完成，请在计算机终端对网店名称进行修改。

2. 店铺分类需要在计算机终端的装修页面完成，请先进行策划，对即将销售的商品进行商品分类。

3. 完成了手机终端的网店装修后，请进行电脑端的个人网店装修。

4. 对手机终端店铺装修与电脑端店铺装修进行比较，其区别有哪些？

网店的运营维护

任务描述

消费者在网购时，对商品的了解主要来自商品图片和详情页文案。因此，要想让消费者知晓我们的店铺，并对我们的商品产生兴趣和信任，进而下单，做好网店的运营就显得至关重要。开店容易，维护难，一家淘宝店铺想要长久运营下去，就必须做好淘宝店铺日常的运营工作。

任务分析

个人网店的运营主要包括商品拍摄、主辅图及详情页制作、商品的发布、商品优化、营销推广、售后服务以及数据分析等环节。

首先是拍摄商品图片，制作美观且有营销意味的主图、辅图，吸引消费者点击浏览商品页面。在详情页设计方面，将营销活动、商品卖点等文案融入其中，以更好地增强消费者信心，促进下单。然后，将准备好的图片和文字等资料，着手在平台上发布商品，一件一件地发布商品。完成商品发布后，需要对所发布的商品进行优化，提高商品信息质量，获得平台的推荐。随后开展营销推广活动，提高店铺的知名度，增加商品销售量。店铺进入日常的销售阶段以后，及时处理订单，提高客户的体验感。通过对经营数据的观察对比、数据诊断，实时优化网店经营活动。任务路线如图 6–1–43 所示。

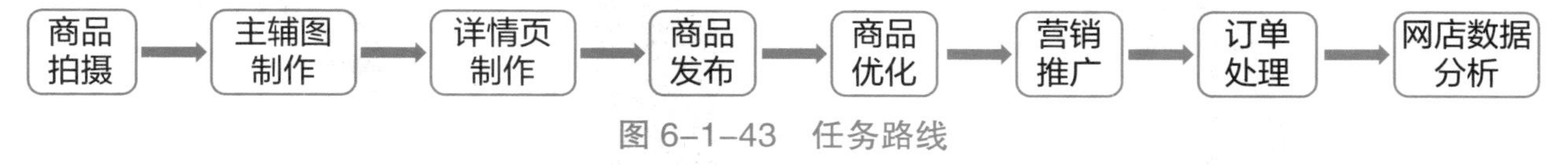

图 6–1–43　任务路线

1. 商品拍摄器材选择

（1）数码相机

数码相机是商品拍摄的必备工具，数码相机的性能直接影响商品的拍摄质量。高性能的数码相机拍摄出来的商品照片质量要明显优于低性能数码相机拍摄的照片。常见的数码相机类型及特点见表 6–1–7。

表 6-1-7　数码相机

类别	图片	特点
数码单反相机		作为专业级的数码相机，用其拍摄出来的照片，无论是在清晰度上还是在照片质量上都是一般照相机不可比拟的。数码单反相机的一个很大特点就是可以变换不同规格的镜头，这是普通数码相机不能比拟的。 但数码单反相机也具有机身笨重、不便携带、操作复杂、价格较高等缺点
微型单反相机		微型单反相机简称“微单”，是一种介于数码单反相机和卡片机之间的跨界产品，其在结构上最主要的特点是没有反光镜和棱镜。这种照相机体积较小，具有接近单反相机的画质，且具有便携性、专业性、时尚性相结合的特点，其价格一般低于同档次的入门单反相机

（2）三脚架

三脚架的主要作用是稳定照相机，以达到某些摄影效果，如图 6-1-44 所示。最常见的三脚架就是在长曝光中使用的三脚架，用户如果要拍摄夜景或者带涌动轨迹的图片，曝光时间需要加长，这时数码相机不能抖动，就需要三脚架的帮助。

（3）摄影棚（台）

商品拍摄时，拍摄小件商品，光线均匀柔和，一般采用便捷式摄影棚；对于大件商品或者模特的拍摄，使用静物台或者辅助物品，可配置复杂的布光方式，充分展现商品的立体感，如图 6-1-45 所示。

图 6-1-44　三脚架

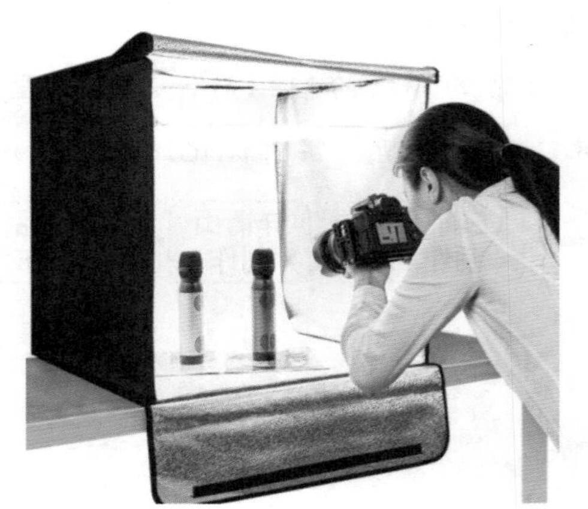

图 6-1-45　摄影棚

（4）灯光设备

拍照摄影是光与影的艺术。要想拍摄出效果好的商品照片，就必须有充足的灯光设备。商品拍得是否还原真实，灯光是非常重要的，尤其是在室内或者是在摄影棚内拍摄时。

①闪光灯。闪光灯是摄影中最常用的灯光之一，主要分为机身闪光灯和独立式闪光灯。数码单反相机都标配有一个闪光灯，其中带有外接设备专用插槽式接口的数码相机还可配备机顶闪光灯。独立式闪光灯主要包括一体式影棚闪光灯和电源箱式闪光灯。一体式影棚闪光灯对于初次接触灯光设置的摄影者来说是最适合的，能获得合适的散射光，如图 6–1–46 所示。电源箱式闪光灯是由一个电源箱供电给插装在电源箱上的闪光灯灯头。

（a）　　　　（b）

图 6–1–46　闪光灯

（a）相机机顶闪光灯;（b）一体式影棚闪光灯

②反光板。反光板在外景拍摄中起辅助照明作用，有时也作主光用。不同的反光板表面可以产生软、硬不同的光线。反光板作为拍摄中的辅助设备，它的常见程度不亚于闪光灯。如图 6–1–47 所示。

图 6–1–47　反光板

2. 商品拍摄技巧

（1）布光

拍摄静止的物体是一种造型行为，布光是让塑造的形象更具有表现力的关键，使消费者直观地看到商品的不同形态，由此联想到自己在享受商品时可能获得的感受。下面简单介绍一下常见的布光方式及特点。

①正面两侧布光。正面两侧布光是指在被摄物体的前方采用一左一右成 45° 角的位置布光，如图 6–1–48 所示。这种布光方式的特点是正面投射出来的光线全面而均衡，商品表现全面，不会有暗角，但缺乏立体感。

②前后交叉布光。前后交叉布光是指在被摄物体的前方和后方各成 45° 角的位置布光，形成对角线，后面的灯开全光作为主光打在被摄物体上，被摄物体前方的灯开 1/2 光作为辅光，前、后光形成夹光，如图 6–1–49 所示。

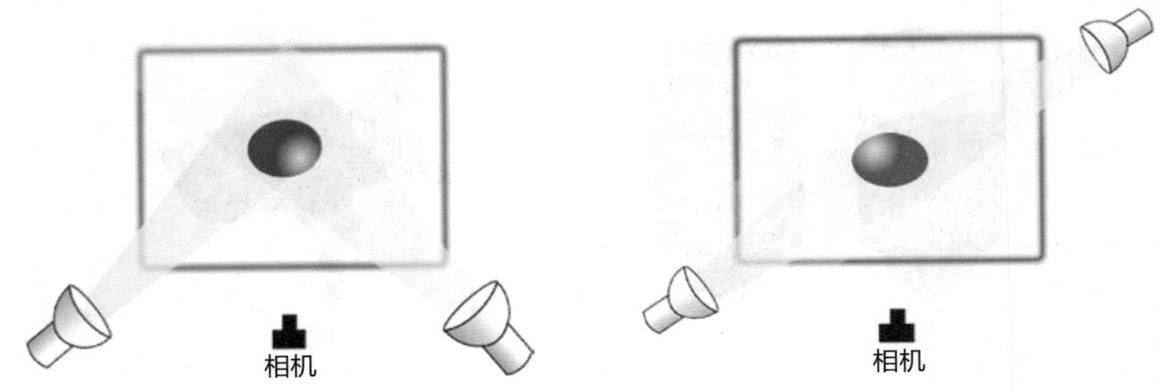

图 6–1–48　正面两侧 45° 角布光　　图 6–1–49　前后交叉布光

③后方布光。后方布光是指在被摄物体的后方一左一右各成 45° 角的位置布光，从背后打光，与被摄物体构成一个三角形，如图 6–1–50 所示。这种布光方式使商品的正面没有光线而产生大片的阴影，无法看出商品的全貌，因此，除拍摄通透性较强的商品外，不要轻易尝试这种布光方式。

④顶部 45° 角布光。顶部 45° 角布光是指在被摄物体的上方采用一左一右成 45° 角的位置布光，光源与被摄物体呈倒三角形，如图 6–1–51 所示。这种布光方式使商品的顶部受光，正面没有完全受光，适合拍摄外形扁平的小商品，不适合拍摄立体感较强且有一定高度的商品。

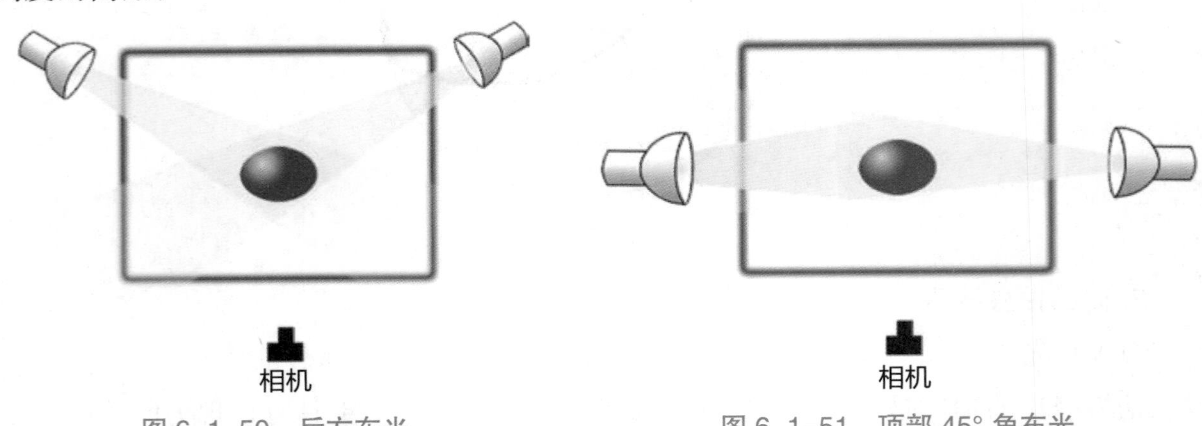

图 6–1–50　后方布光　　图 6–1–51　顶部 45° 角布光

（2）构图

构图方式主要有三分法（九宫格）、均分法、三角形构图法、对角线构图法等。构图时要根据实际情况来灵活运用构图方法，可以是单一构图，也可以是多种构图的结合。良好的构图方式会给消费者以美和专业的感受，以良好的视觉效果加深对商品的印象。

3. 商品标题的撰写

撰写出合适的标题不仅能向买家介绍商品的特征、传达商品的有效信息，还能提升商品搜索排名和浏览量，为此需要基于平台规则，不断优化关键词，进行标题选词。不同平台对标题的字符限制有所不同。

在淘宝平台开店，应遵守平台对标题的要求：宝贝标题限定在 30 个汉字（60 个字符以内），否则会影响发布；标题应尽量简单直接，能突出卖点，要让买家即使看一眼，也能获晓商品的特点与用途；宝贝标题需要和当前商品的类目、属性保持一致，若出售的是女装 T 恤，则不能出现童装等非女装 T 恤类关键词；商品标题中不允许出现半角符号“<>”与表情符号。例如：德绒高领打底衫女士内搭秋冬季加绒加厚保暖洋气秋衣百搭 2022 新款。

4. 淘宝平台商品上下架

（1）规定

商品在淘宝上架后需要选择 7 天或 14 天的重复下架和上架周期，简单来说是指店铺的商品在第一次上架出售后的 7 天或 14 天后有一个虚拟的下架然后自动上架的过程。它只是虚拟下架，店铺的商品其实还在出售中，这跟实际下架商品是有区别的。

（2）规则

越接近下架时间，商品排名越靠前，会得到更多的展现机会。

（3）技巧

①选择最短的上下架周期，得到更多浏览排名靠前的机会。

②选择网购交易高峰期上架商品，这样虚拟下架时正好也在交易高峰期，商品排名靠前更容易成交。

③商品分批上架，建议将商品分成 7 天，在 7 天的不同时段内分批上架，以保证店铺每天都有排名较靠前的商品。

5. 商品优化工具

商品优化工具是淘宝平台为商家在售商品信息提出问题诊断和优化意见的智慧型工具，智能高效帮助卖家从标题、属性、主图、详情、视频等方面提升商品信息质量，使得商品被更多消费者看见，吸引更多消费者点击和下单。

淘宝优化工具对商品信息进行质量检测，归纳为五方面的问题类型：影响搜索效率、影响成交转化、渠道展示机会受限、首猜机会商品和视频优化。其中，首猜机会商品，又称“猜你喜欢机会商品”，指的是系统根据商品基础信息，有机会推荐到手淘首页展现获得流量与曝光。

优化工具提供的是优化建议，没有强制要求。但是优化商品信息则能提高店铺商品的流量与转化率。

6. 营销推广

营销推广是建立在互联网基础上，以营销型页面为载体发布产品信息，利用专业的网络营销工具，开展一系列营销活动的新型营销方式。在竞争激烈的市场中，商品发布上架后，开展适当的网店营销推广活动，才能提高店铺知名度和交易量。以下是几种常见的营销推广方式。

（1）平台活动

电商平台本身会提供许多帮助卖家进行营销的增值服务。例如，淘宝网提供了直通车、淘宝客、钻石展位、淘宝旺铺、抵价券等营销服务。但是，这些增值服务都是付费的，且具有一定的门槛，因此，并不建议从未开过网店的新手在刚开通网店的时候就花钱使用这些增值服务。作为新店，我们可以参加一部分门槛较低的平台的跨店促销，如最常见的跨店满减、赠券。我们还可以利用平台规则，优化推广商品的标题，提高商品展现的概率。

（2）店铺活动

店铺比较常见的营销活动有店铺优惠券、满立减、店铺红包、搭配套餐、会员促销、秒杀、买二送一等，卖家可以根据需要选择营销方式。

（3）新媒体营销推广

目前，新媒体营销方式有各种平台的直播带货、抖音短视频、快手小视频、火山小视频等推广方式。这类新媒体的受众与网购群体比较吻合，消费者接受程度较高，是个人卖家常用的营销手段。此外，还有社群营销、朋友圈营销等多种营销方式。

7. 网店数据分析

网店已经开起来了，网店经营者很想知道：到底有多少人浏览了网店，都是哪里的人，他们在网店看了哪些商品，商品的成交情况怎样，有回头客吗？网店数据分析与诊断就是对网店访客数量、访客来源、访客结构、访客行为、店铺顾客的跟踪、成交订单金额、店铺成交转化率和收藏率等进行分析与诊断，并据此对店铺进行优化。

例如：对于单价高的商品，制定不同的优惠、促销活动来拉动访客订单成交数，对应的商品详情页也需要提升优化，使其不断提升店铺的转化率；对于单价低、订单数相对高的商品，店铺需要不断提升优惠力度、加大推广宣传的步伐使该类商品能够持续火爆，另外在对于该类商品的营销活动可以添加关联销售的营销策略，使商品客单价不断上升。

通常，提升转化率有许多方面与技巧，例如，一是从经营商品特点优化店铺整体装修风格；二是采用促销折扣搭配技巧；三是活用商品展示技巧，设计图片时，采用商品摆放策略、商品对比策略和商品特写策略等，适当使用 GIF、视频展现形式；四是运用微博、即时通讯工具、微信等外部推广工具，以及在商品仓储包装上放置与企业品牌、商品、文化及肖像较为符合的广告，或者店铺链接及二维码等；五是优化商品描述页，例如设置关联销售的形式以增加商品客单价及其他商品销售量。

1. 商品拍摄

在组织团队成员准备好商品拍摄器材，并且熟悉了器材的功能特性和拍摄技巧等方面之后，现在着手拍摄网店销售的产品实物。

（1）撰写拍摄脚本

根据商品自身特点，编制拍摄脚本，见表 6–1–8。

表 6–1–8　商品拍摄脚本

商品名称：铅笔

序号	材料特点	商品卖点	布光方式	构图方式	拍摄道具
1	主体木质	长度适中，握笔方便	正面两侧布光、平面布光	多支笔尖相连平铺展开成环状	借助胶水粘住，把造型拿起来拍摄
2	石墨笔芯	耐写、不易断	顶部 45° 角布光、环形布光	多支围抱	借助笔筒
3					
…					

（2）准备器材

调整机位和参数并进行多次试拍。

（3）选择最佳照片

提供部分样图造型供商品拍照参考，如图 6–1–52 所示。

图 6-1-52 样图造型供商品拍照参考

2. 主辅图制作

商品主辅图是商品主图和商品辅图的简称，主图是买家在淘宝网上搜索欲购买商品时首先看到的图片，可突显商品整体外观，传达促销活动和优惠信息等内容；辅图是对商品外观细节或功能特点的补充，旨在以言简意赅的方式快速吸引买家，满足买家的需求。制作主辅图的工具主要有 Photoshop、美图秀秀等工具软件。

（1）主图的制作

主图制作有一定的要求，这里提供彩色铅笔主图的制作样图，如图 6-1-53 所示。

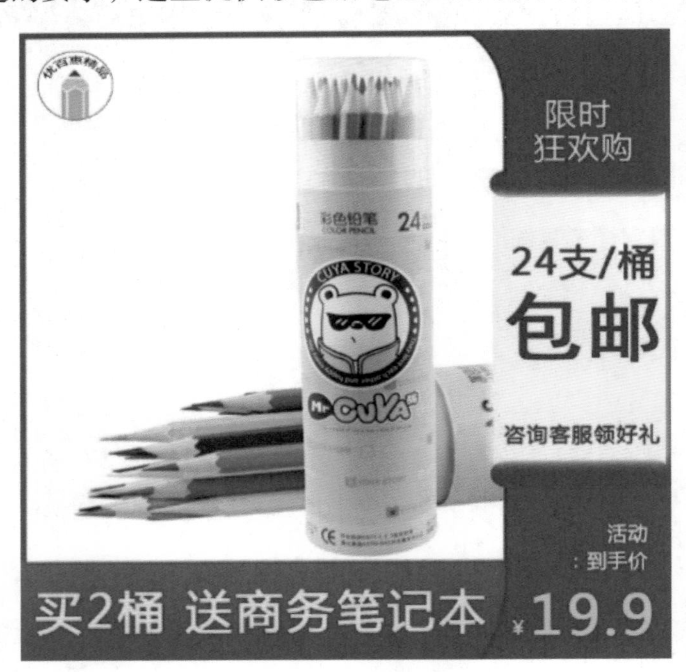

图 6-1-53 彩色铅笔主图

①打开主图图片，在 Photoshop 中可以选用套索、钢笔、快速选择、魔术棒、色彩范围等工具，在美图秀秀中可以选用自动抠图、手动抠图、形状抠图等工具，去掉不必要的

背景，只保留商品主体。

②整体布局：等比例改变商品图的大小，让它占画面的左 3/4 区域，文字和底纹占右 1/4 区域和下边部分区域，既要突出商品的外观，又要给文字描述留够一定的空间。

③店标：将准备好的店标插入图片的左上角位置，从而起到宣传店铺的作用。

④促销活动：插入一个红色矩形底纹，输入文字“买 2 桶 送商务笔记本”，颜色为金黄色，突显喜庆的氛围。

⑤活动时限：插入一个红色矩形底纹，下边缘调整为卷轴效果，同样输入金黄色文字“限时狂欢购”，与促销活动内容相互呼应。

⑥规格与销售策略：插入一个淡色矩形底纹，分别输入红色文字“24 支 / 桶”“包邮”“咨询客服领好礼”，调整为上下排列。适当调整文字“包邮”和“咨询客服领好礼”的大小，做到与上面文字“24 支 / 桶”同宽，以保持视觉上的协调性，同时也突出了包邮策略的重要性。

⑦价格：插入一个红色矩形底纹，上边缘调整为卷轴效果，输入金黄色文字“活动到手价”和“¥19.9”，调整为上下排列。调整价格文字的大小，突显商品的物美价廉，以刺激买家的购买欲望，提升商品的销量。

⑧保存：大小规格为 800 × 800 像素，文件命名格式为“商品名称 + 主图”，避免与其他图片混淆，如本例“彩铅主图”。

（2）辅图的制作

如图 6-1-54 所示的彩色铅笔辅图，辅图的元素及制作要求如下：

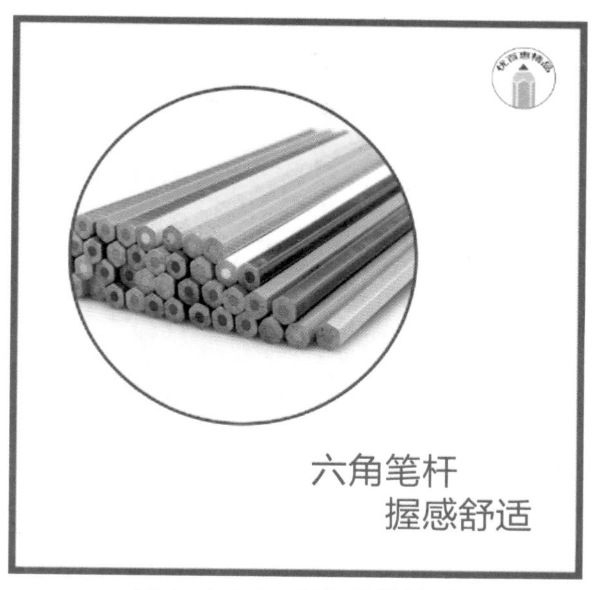

图 6-1-54　彩色铅笔辅图

①同主图制作一样，先打开主图图片，完成抠图操作。

②整体布局：等比例改变商品图的大小，以居中位为主，占 3/4 区域，文字为细节描

述，突显商品的功能、外观细节等辅助性说明，是以主图的有效补充。

③打开辅图图片，并适当放大，外加一个红色圆环，突显商品色彩丰富的特点。

④店标：将准备好的店标插入图片的右上角位置，以示与主图的区别。

⑤商品卖点：输入红色文字“六角笔杆”和“握感舒适”，呈上下错位式排列，让图文结合更有活力和跳跃感。

⑥保存：大小规格为 800 像素 ×800 像素，文件命名格式为“商品名称 + 辅图 + 编号”，避免与其他图片混淆，如本例“彩铅辅图 1”。

3. 详情页制作

商品详情页是以图片结合的方式，全面介绍商品的特点和服务保障等内容，一般包含详情页海报、商品属性、细节、支付售后等版块。按平台的要求，详情页的宽度为 750 像素，各版块高度不超过 1080 像素。参照商品主辅图制作方法，同样也可以选用 Photoshop、美图秀秀等图片处理工具分别制作详情页的各个版块。

（1）详情页海报的制作

如图 6-1-55 所示的详情页海报，海报元素及制作要求如下：

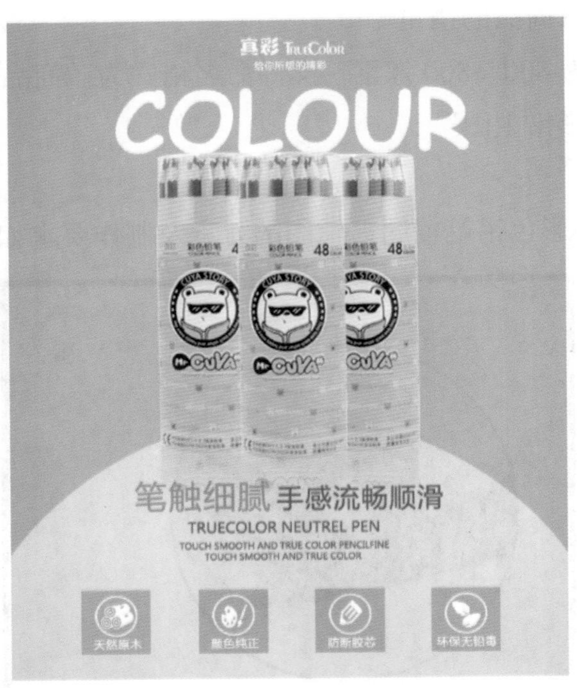

图 6-1-55　商品宣传海报

①新建一个 750 像素 ×916 像素的文件，底纹设置为浅青绿色。

②整体布局：整个布局为上下结构，商品图片素材置于偏上中心位，等比例改变商品图的大小，让它占画面的 1/2 区域，上方文字占 1/5 区域，下方文字占 1/3 区域。布局既要突出商品的外观，又要给文字描述留够一定的空间突显商品的特色，从而起到宣传的作用。

③插入一个白色圆饼，调整大小，并适当降低透明度，起到衬托的作用。

④品牌和特色文字置于商品图片上方，颜色为白色，商品特性文字置于下方，颜色分别为背景色和黑灰色，下方区域正方形底纹，颜色同背景色，插入相应的图标和文字，以言简意赅的方式介绍商品的特性，以加深买家对商品的好感。

⑤保存：文件命名格式为“商品名称 + 详情页海报”，避免与其他图片混淆，如本例“彩铅详情页海报”。

（2）商品属性图的制作

如图 6–1–56 所示的商品属性图，商品属性图的元素及制作要求如下：

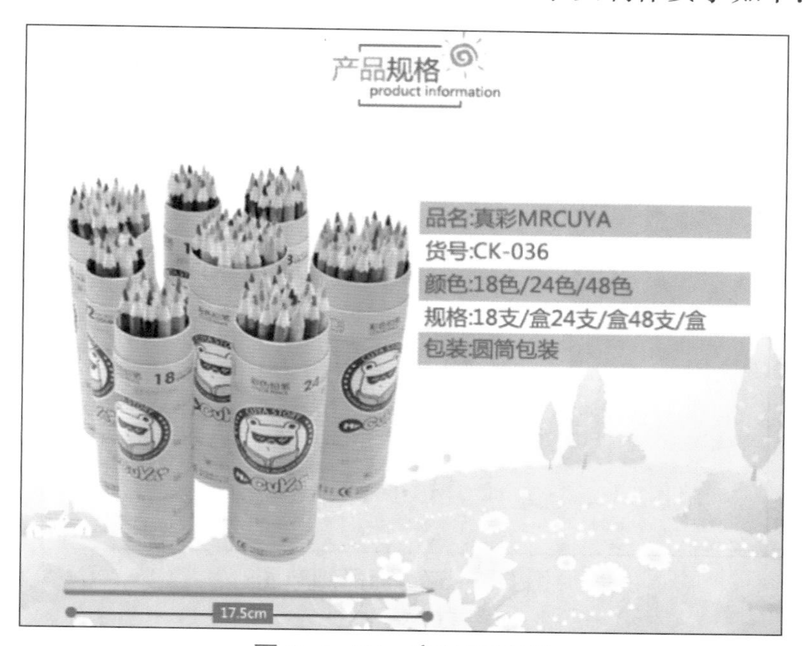

图 6–1–56　商品属性图

①新建一个 750 像素 × 654 像素的文件，底纹可以选择一张清新淡雅的图片作为背景，并适当降低透明度。

②整体布局：整个布局为左右结构，商品图片素材置于左边区域，等比例改变商品图片的大小，让它占画面的 1/2 区域，上下方文字各占 1/6 区域，右边文字占 1/2 区域，这样的设计符合买家的阅读习惯。

③输入上方文字，采用中英文搭配的方式，更显大气，并插入一个卡通太阳的图片，起到衬托的作用。

④等间距插入矩形条，并在相应位置输入商品的属性文字，调整字号，这样的设计样式活泼，不呆板。

⑤插入一支彩铅图片，以圆点直线的形式将彩铅的长度视觉化，加深印象。

⑥保存：文件命名格式为“商品名称 + 详情页属性”，避免与其他图片混淆，如本例“彩铅详情页属性”。

（3）商品细节图的制作

如图 6–1–57 所示为商品细节图，细节图的元素及制作要求如下：

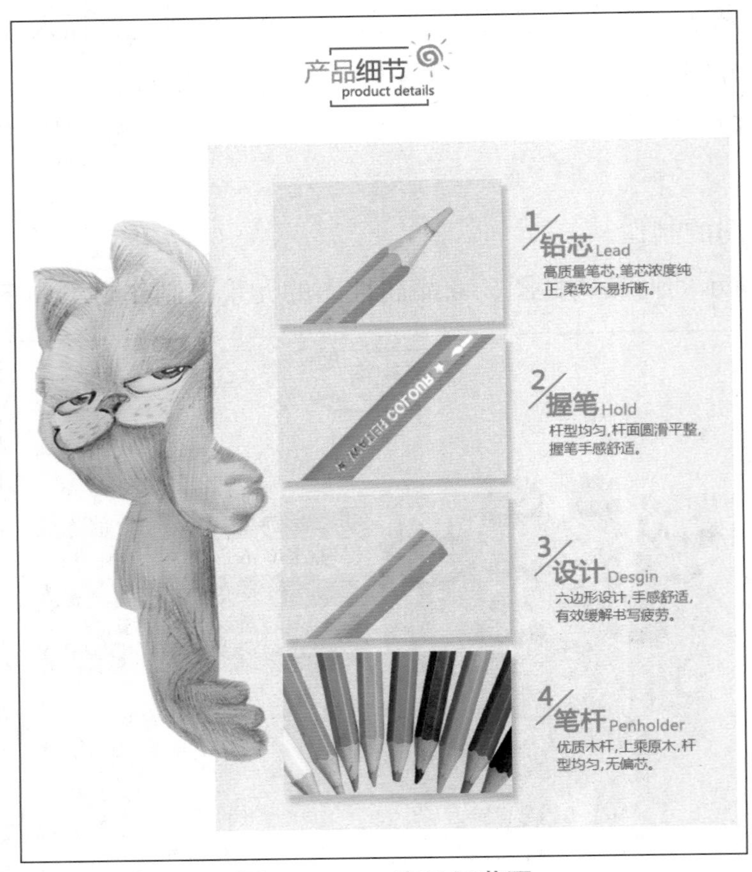

图 6–1–57　商品细节图

①新建一个 750 像素 ×901 像素的文件，这里手绘了一只加菲猫，用相机拍摄或扫描仪生成图片，增强了页面的趣味性和美观度。

②整体布局：整个布局为左右结构，商品图片素材置于右边区域，依次等比例改变商品图的大小，让它占画面的 2/3 区域，右边文字占 1/4 区域，这样的设计把每一个细节都介绍到位。

③输入上方文字，采用中英文搭配方式，更显大气，并插入一个卡通太阳的图片，起到衬托的作用。

④等间距排列商品细节图，并在相应位置输入商品的细节关键词和详细说明文字，调整字号和颜色，这样的设计内容详尽，版式美观。

⑤保存：文件命名格式为“商品名称 + 详情页细节”，避免与其他图片混淆，如本例“彩铅详情页细节”。

（4）物流配送及售后图的制作

如图 6–1–58 所示为支付售后图，支付售后图的元素及制作要求如下：

图 6-1-58 支付售后图

①新建一个 750 像素 ×548 像素的文件。

②整体布局：可根据需要设置不同的布局方式。如图 6-1-58 所示的案例中，整个布局为左右结构，插入物流配送装备，调整图片大小，占画面右边 1/2 区域，左边主体文字占左边 1/3 区域，这样的设计符合行业的要求。

③输入上方文字，采用中英文搭配方式，更显大气，并插入一个卡通太阳的图片，起到一个衬托的作用。

④等间距排列售后保障项目，并在相应位置输入与之相关的详细说明文字，调整字号和颜色，这样的设计内容详尽，版式美观。

保存：文件命名格式为“商品名称 + 详情页售后”，避免与其他图片混淆，如本例“彩铅详情页售后”。

4. 商品的发布

随着技术的进步，一些电商平台开发了智能填写通道，改变了以前每个项目都需要手动填写的模式，例如，最新版的淘宝平台已对部分类目开放智能发布功能。淘宝商品发布通过一张商品图片或条形码，就能智能填充商品信息，属性回填率高达 80%，可轻松快捷地完成商品发布。此外，其还会根据不同商品各自特点，自动获得系统智能推荐的标题、热搜词。

计算机终端商品发布——智能商品发布具体流程如下。

（1）上传商品信息

①进入“千牛卖家中心 – 发布宝贝”，如图 6-1-59 所示。

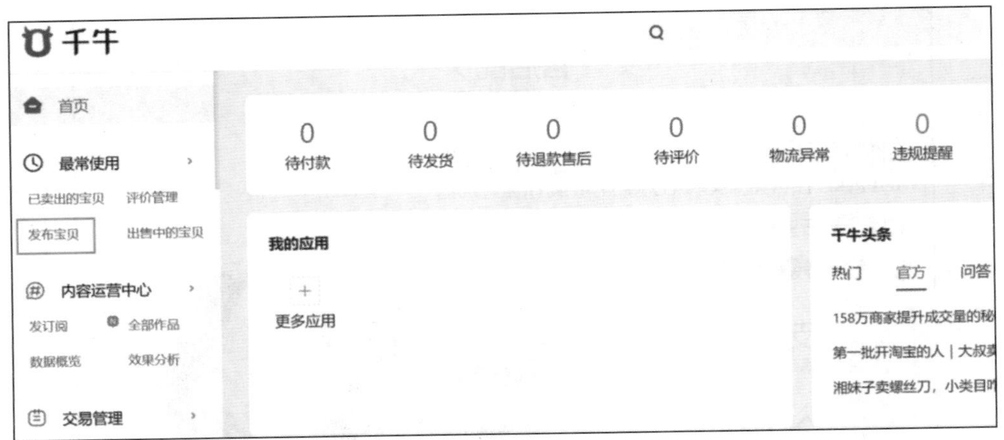

图 6–1–59　发布宝贝

②上传商品图片，填写条形码和类目。

使用新版发布商品，系统提供智能识别商品类别的功能。在这个页面主要填写商品的预填信息，可以上传条码图片（选填），以快速识别出条码信息和类目，不用再手动填写。如果没有商品条码图片，可以先选择好类目并填好品牌，并上传一张商品 800 像素 × 800 像素以上高清正面的完整图片，可快速智能识别及填充商品信息，智能选择发布类目，如图 6–1–60 所示。

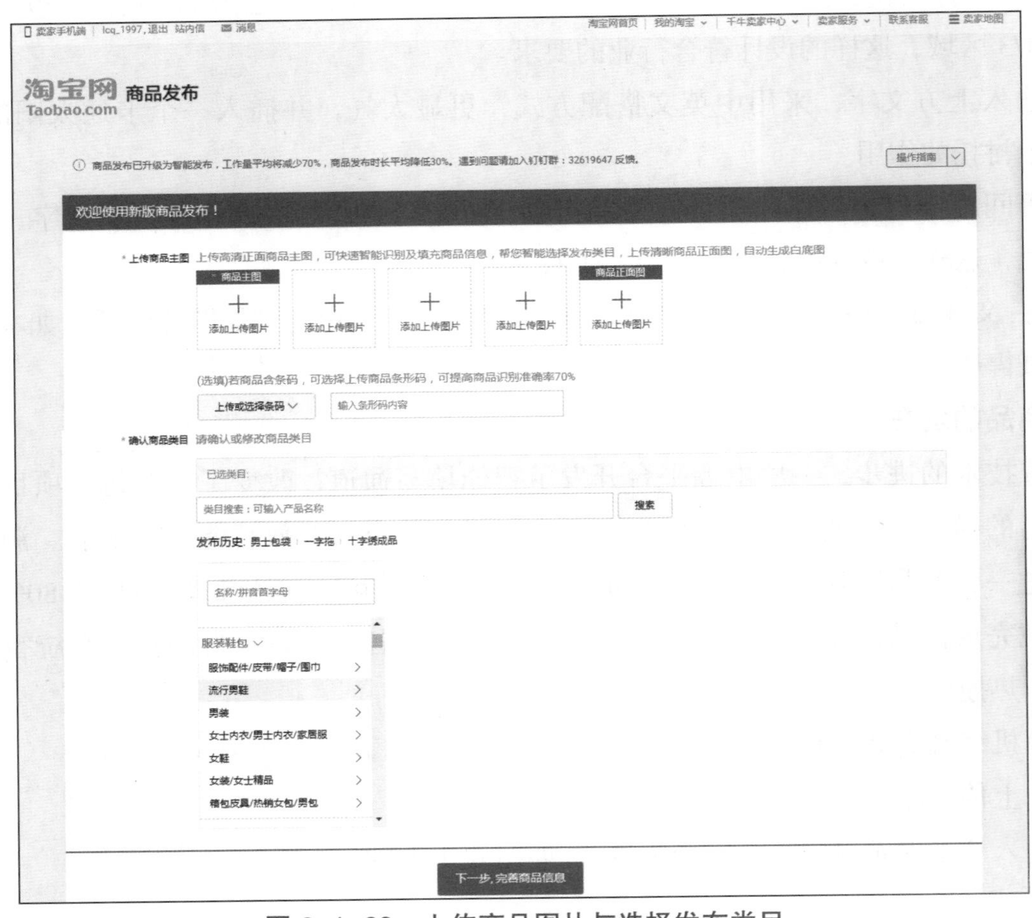

图 6–1–60　上传商品图片与选择发布类目

③完善商品信息。

这里商品信息主要包括基础信息、销售信息、支付信息、物流信息和图文描述等，如图 6-1-61 所示。在“基础信息”模块，系统已经通过卖家上传的图片智能推荐商品标题的关键词，可以从这些推荐词中，根据商品标题的撰写技巧进行选词，有助于提升商品标题的表达。系统已回填了部分属性，需要注意的是，虽然系统已经回填部分属性，但是务必检查和选择必填属性，不然无法完成发布；类目属性尽可能填写完整准确，否则会因为误填而导致宝贝下架或搜索流量减少。

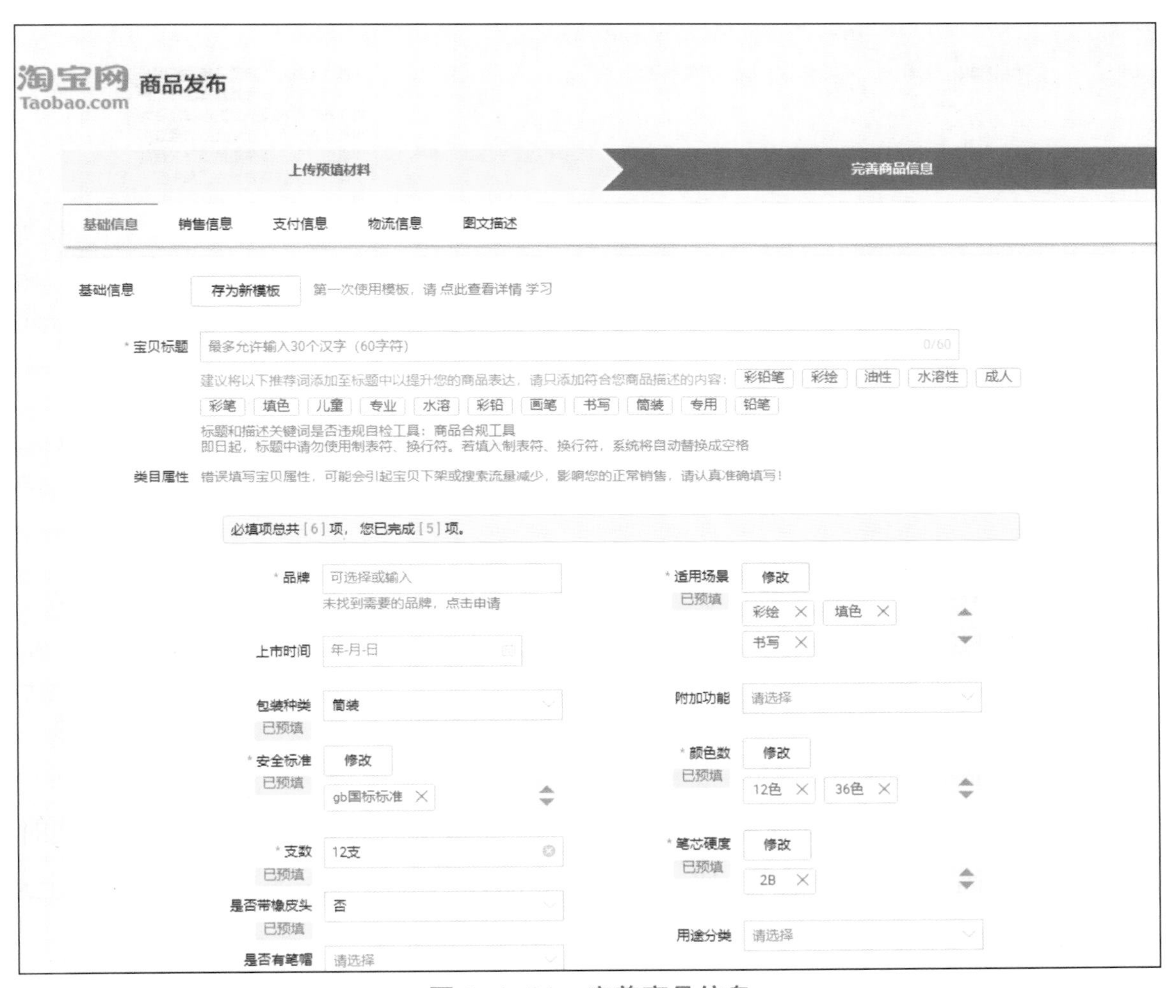

图 6-1-61　完善商品信息

当确认完属性部分的内容填写时，系统会再次优化标题关键字。此时，也可以根据需要自行优化商品标题。接下来需要自己填写商品的销售信息，包括颜色、尺码、库存和价格等信息，然后就可以进入下一步。

④网店物流信息可以存为模板，下次再发布商品时就可以使用模板信息快速填充，如图 6-1-62 所示。

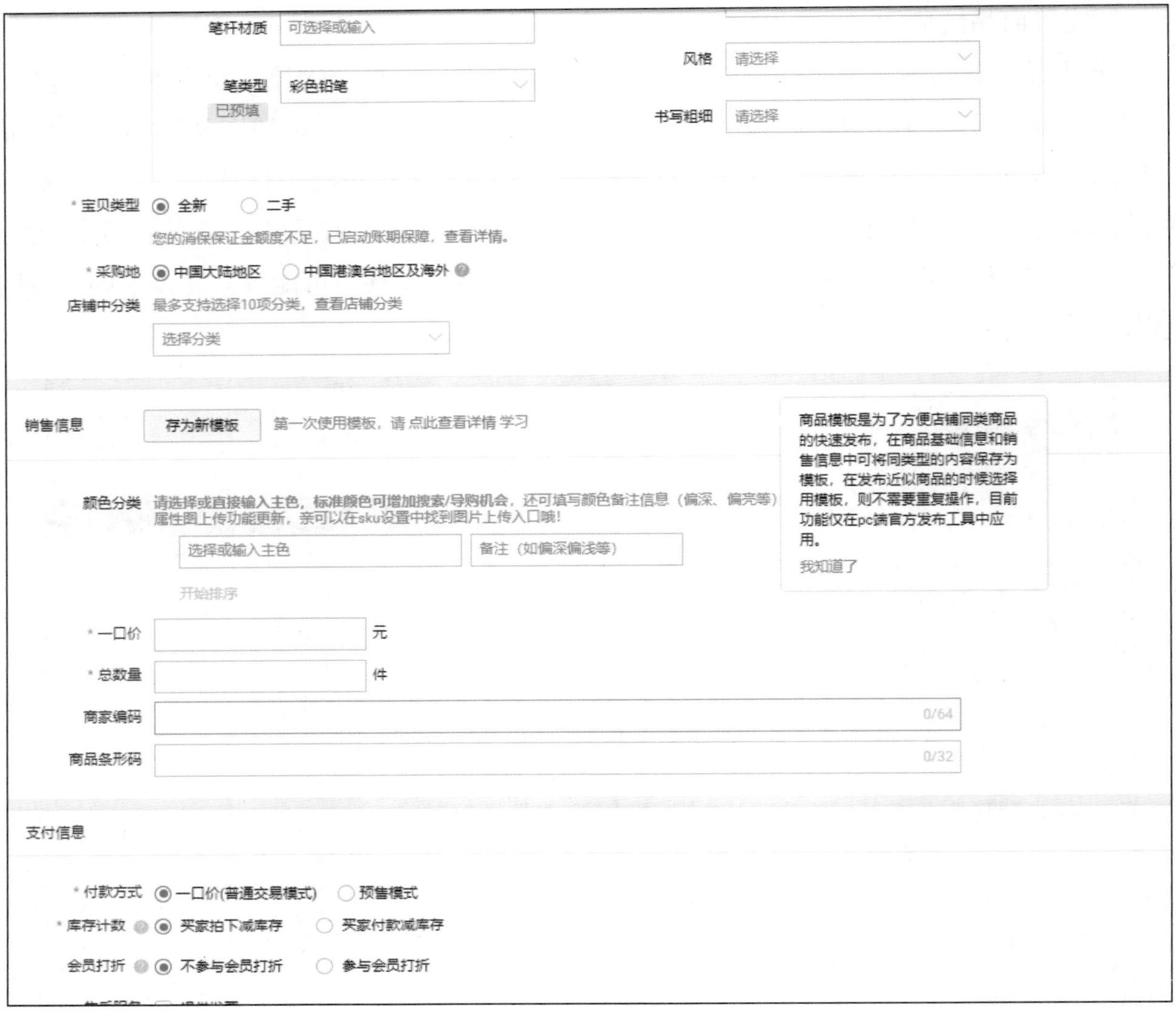

图 6–1–62　保存为物流模板

（2）规划商品上架时间

填充完商品图片及详情描述后，按照平台上下架规则，合理规划商品的上下架时间，通常在网店浏览高峰期进行商品上架，以增加商品排名靠前时的展现概率。完成上述项目后，商品便成功发布。

说明：还未开放智能发布功能的部分类目，需要自行填写上述项目。

5. 商品优化

卖家查看已发布的商品信息，方法有许多，在登录淘宝网之后，可以在千牛卖家工作台，从顶部“千牛卖家中心 – 出售中的宝贝”，也可以从左侧菜单栏“宝贝管理 – 出售中的宝贝”，进入商品信息列表，如图 6–1–63 所示。

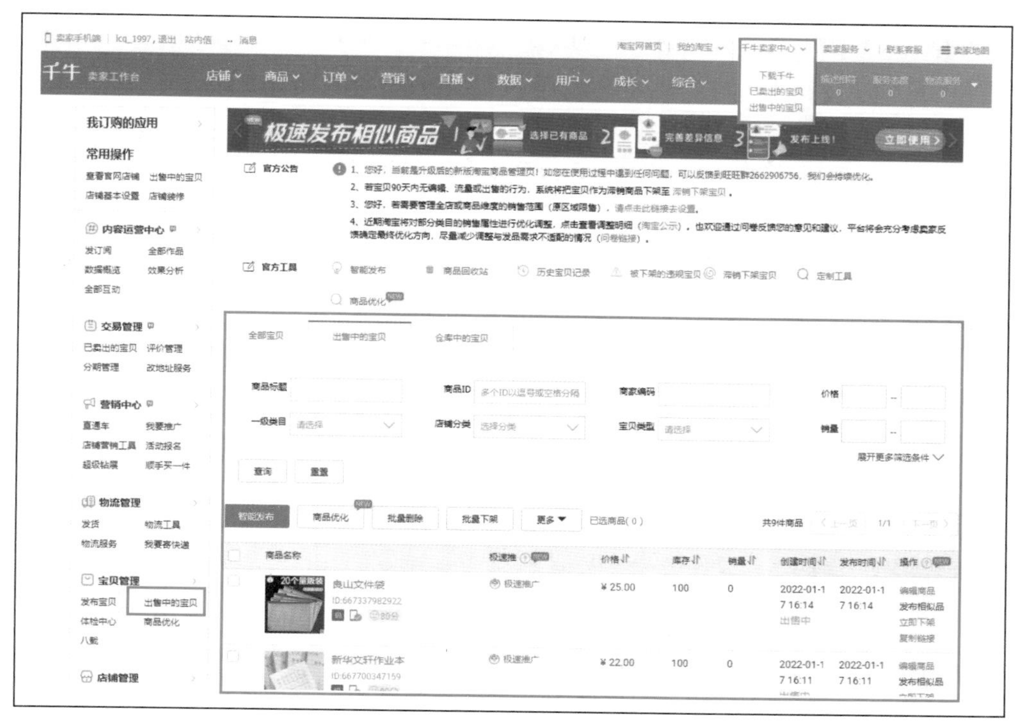

图 6–1–63　出售中的商品

淘宝网提供商品优化工具，点击“商品优化”，立即启动系统自动检测功能，系统通过检测对已发布的商品信息质量进行评分，并给出提示，例如“您的商品信息质量为 75 分，请您立刻处理以下问题！已发现 ×× 个问题项，×× 个问题商品。”并从详情诊断、搜索诊断、首页推荐、视频优化等方面给出诊断意见，如图 6–1–64 所示。

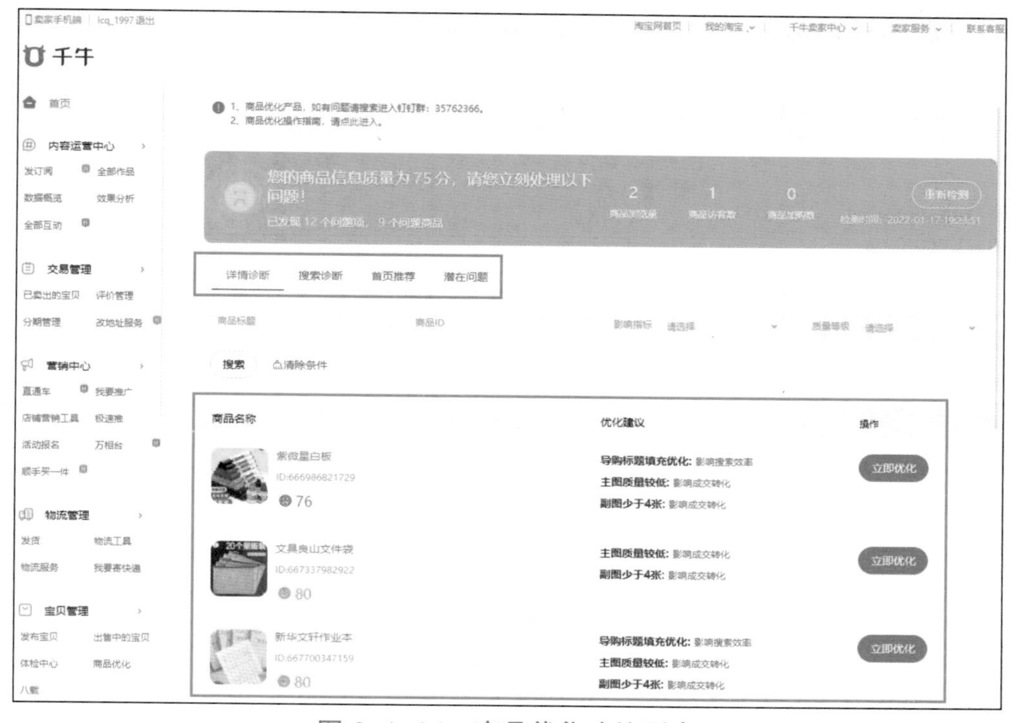

图 6–1–64　商品优化建议列表

点击商品列表右侧的“立即优化”按钮，进入“商品发布”页面，左上角显示当前商品信息质量分，以及待整改与待优化数目，如图 6-1-65 所示。

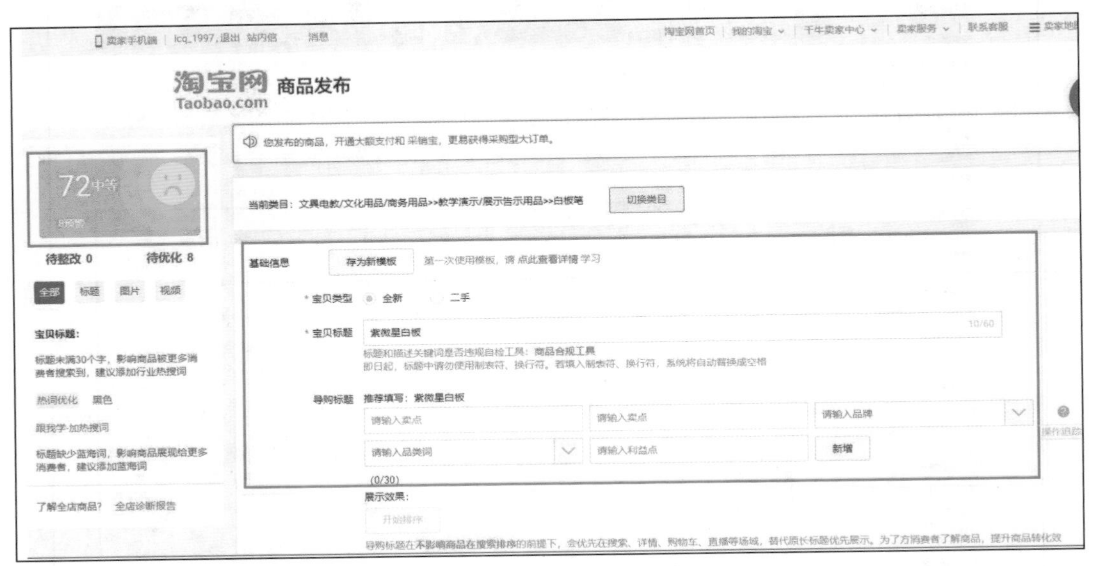

图 6-1-65 商品诊断结果

系统检测到原商品信息质量分为 72 分，根据系统诊断结果对商品信息进行逐项优化完善。此处对标题的诊断意见是“标题未满 30 个字，影响商品被更多消费者搜索到，建议添加行业热搜词，标题缺少蓝海词，影响商品展现给更多消费者，建议添加蓝海词”。导购标题是淘宝搜索为了提升消费者体验而建立的全新标题机制，根据消费者的喜爱程度，有机会优先透出。导购标题主要填写品牌词、品类词、型号词以及自定义亮点。据此，对宝贝标题与导购标题进行优化，如图 6-1-66 所示。

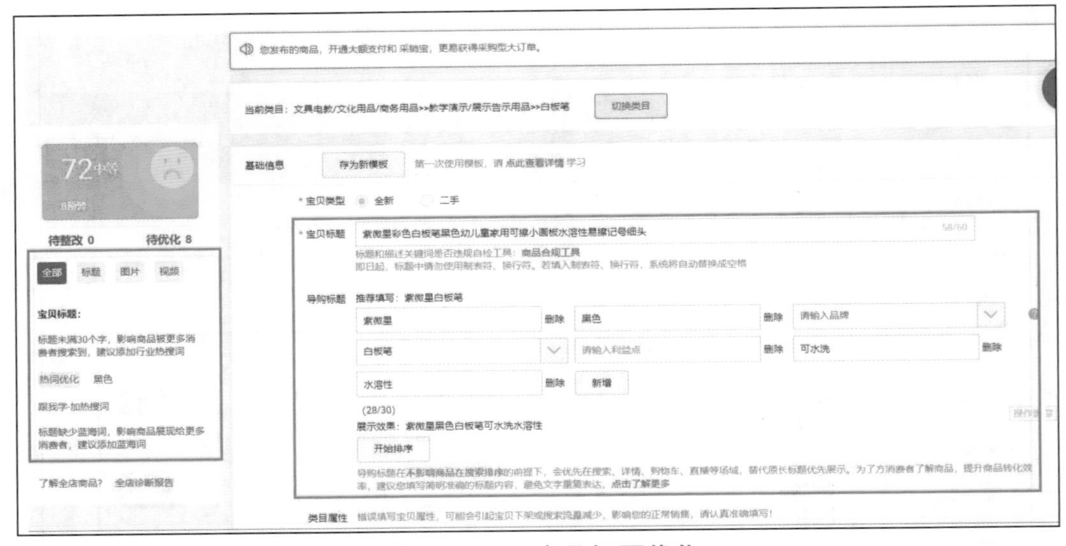

图 6-1-66 商品标题优化

很明显，此处对宝贝标题与导购标题为了丰富完善，标题由原来的“紫微星白板笔”优化为“紫微星彩色白板笔黑色幼儿童家用可擦小画板水溶性易擦记号细头”，标题字数也充分利用了 30 字限，导购标题中设置“紫微星”品牌词、“黑色”热词，以及“白板笔、水溶性”等属性词。

提交了优化内容，系统自动进行质量检测报告检测结果，商品信息质量分从原来的 72 分，提升到 80 分，表明此次优化有效，如图 6-1-67 和图 6-1-68 所示。

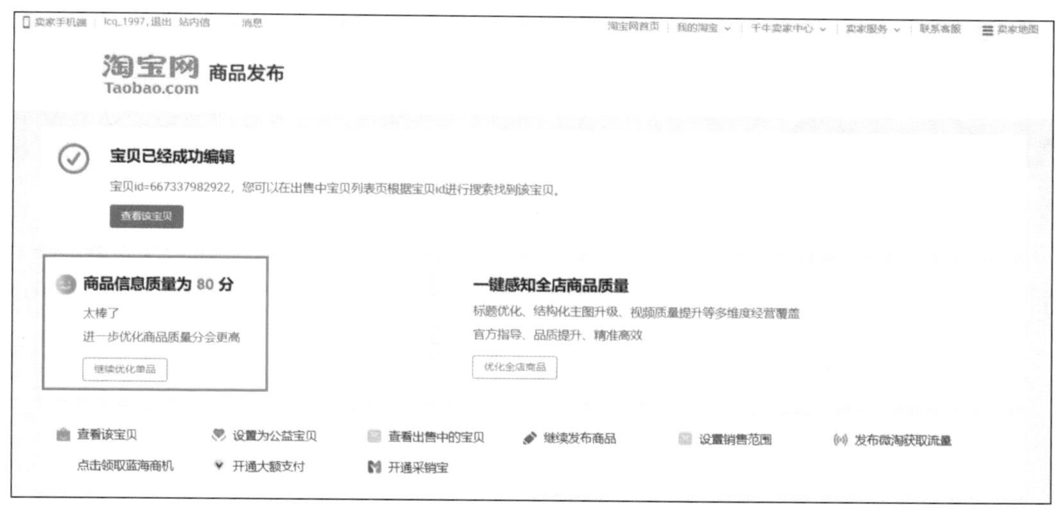

图 6-1-67 系统对优化结果进行再次检测报告

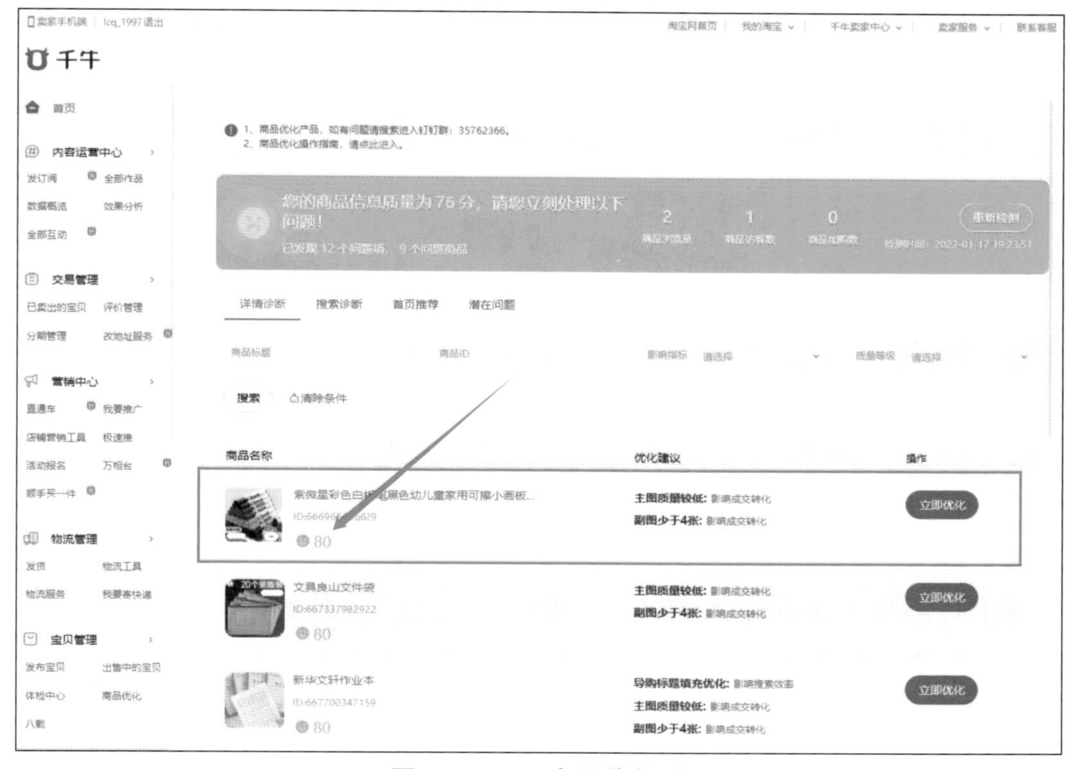

图 6-1-68 商品优化后

商品优化是店铺运营日常工作中主要工作之一，通过了解消费者购物心理，了解行业发展状况，不断的优化商品信息质量，能够大大提升商品信息在淘宝页面排名靠前，增加流量与曝光。

6. 营销推广

学习了网店运营推广的相关知识后，为了打开销量，小小团队着手策划店铺的营销推广活动。考虑到目前店铺还在起步阶段，小小团队决定采用满减优惠券的方式进行新店的促销。优惠券设计见表 6–1–9。

表 6–1–9　优百惠优惠券设计表

类型	门槛	优惠额 / 折扣	限领张数	单品券 / 全场券	限领人群	有效期 / 天	发行量 / 张
满减券	满 30 元	减 3 元	3	全场券	所有人	10	1000

最后，进入“千牛卖家中心 – 店铺营销工具”进行优惠券设置，如图 6–1–69 所示。

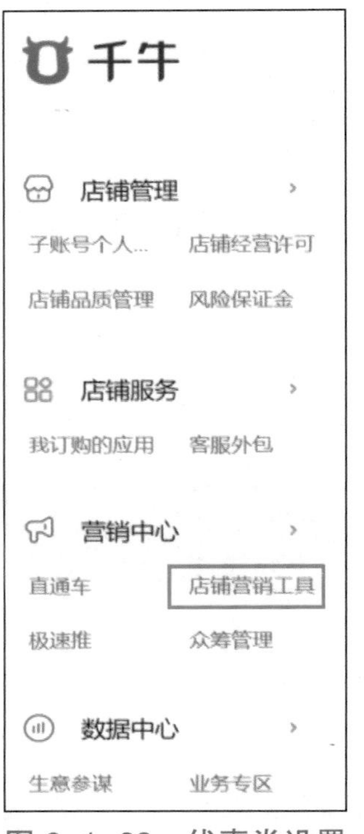

图 6–1–69　优惠券设置

7. 订单处理

在完成上述商品发布、商品优化以及推广工作之后，需要时常查看订单状态，进行各种状态下订单的及时处理，以提升客户的购物体验。具体操作如下。

（1）查询订单

打开顶端菜单“千牛卖家中心 – 已卖出的宝贝”，在“千牛卖家工作台”左侧功能区的交易管理板块中，选择“已卖出的宝贝”，右下角列出商品交易订单列表，如图 6–1–70 所示。

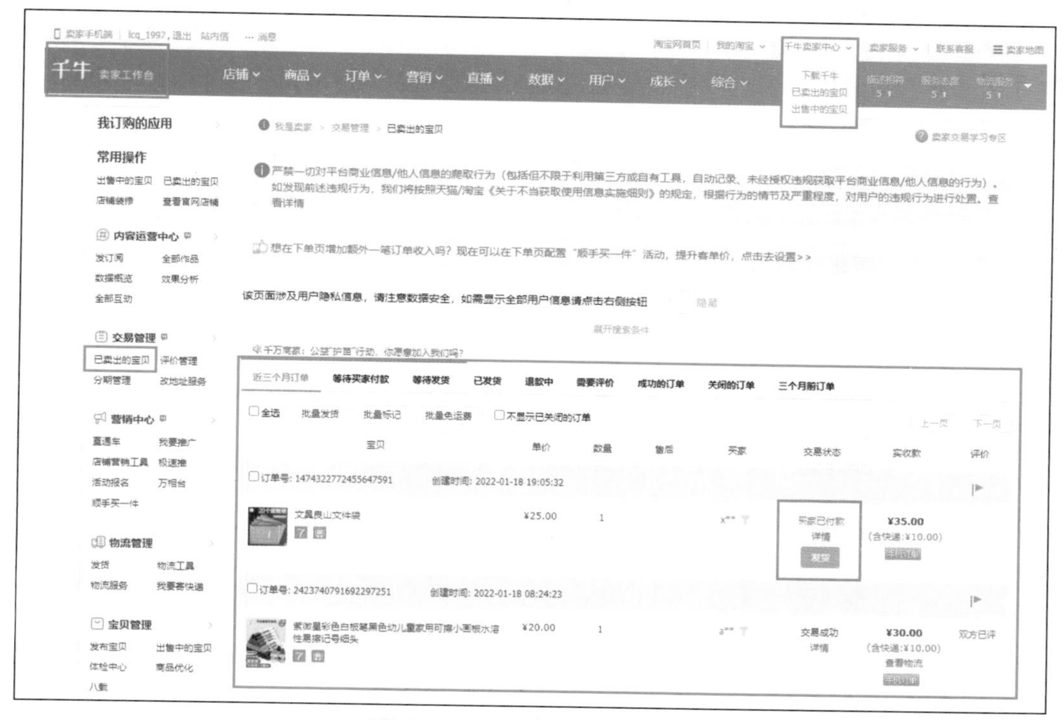

图 6–1–70　交易订单列表

订单列表区提供的功能挺多，可以查看历年交易订单、不同状态的交易订单等。每个交易订单可以查看到订单号、商品名称、单价、数量和实收款，以及订单来源于计算机终端还是手机移动端，如图 6–1–70 所示。

（2）订单处理

订单环节最重要的是关注订单当前的交易状态，针对不同的交易状态，采取相应的处理方法。订单的交易状态有以下这几种情况，如图 6–1–71 所示。

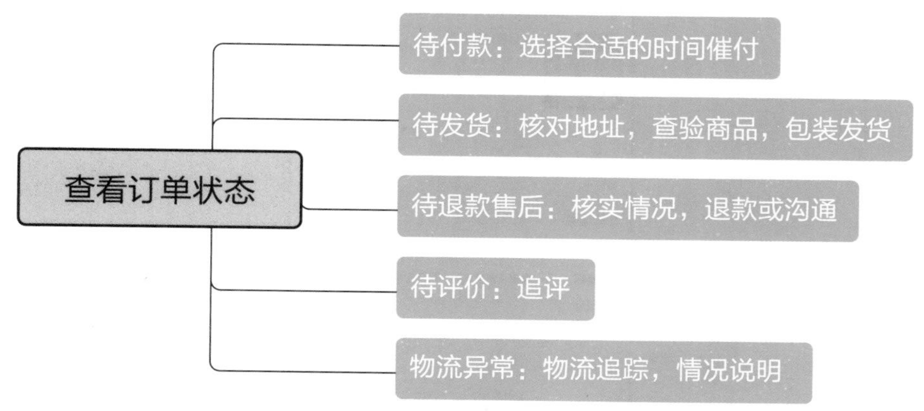

图 6–1–71　不同交易状态的处理方法

（3）发货

通过物流公司上门取件，填写快递单，并单击“确认发货”按钮，选择对应的快递公司，填写运单号。在卖家发货后，买家可查询物流信息。订单状态改为“已发货”，卖家可查询物流信息，如图 6–1–72 所示。

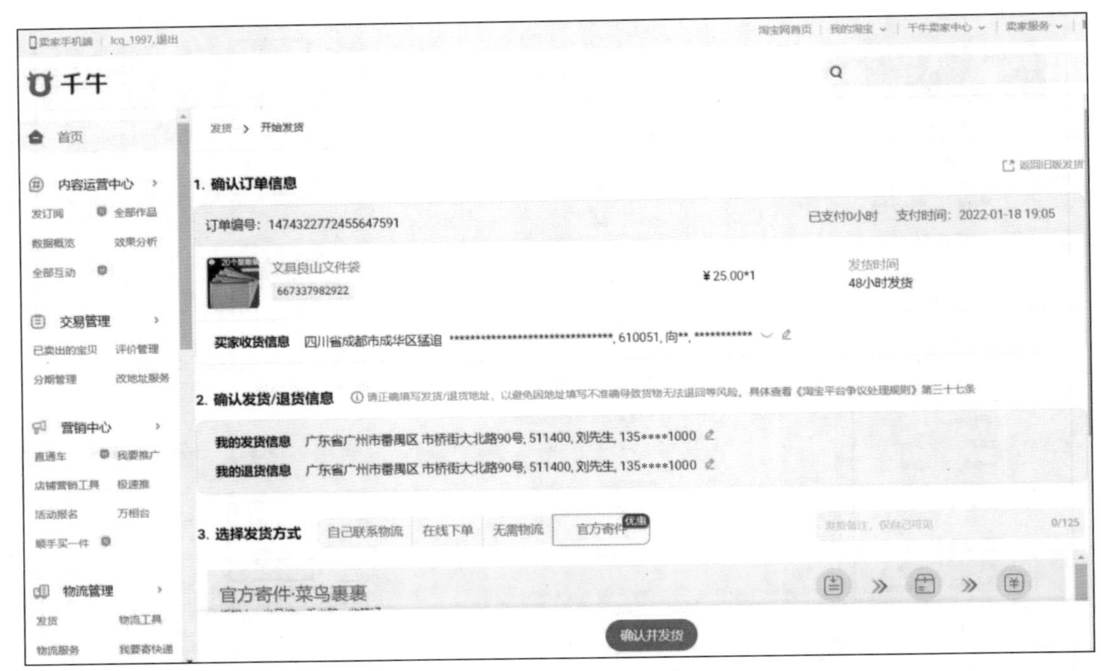

图 6-1-72　卖家确认发货

（4）确认收货

买家在收到货物后，即可在移动端或者计算机终端“确认收货”，如图 6-1-73 所示。

图 6-1-73　买家在移动端确认收货

（5）交易评价

交易平台提供买卖双方互评机制，评价分为好评、中评与差评三档，给予对方好评，对方的信用度加 1 分，对于中评不加分，若是对交易不满意给予差评，则对方的信用度减

1 分。淘宝网信用评价体系由心、钻石和皇冠三部分构成，并成等级提升，目的是为诚信交易提供参考，并在此过程成功保障买家利益，督促卖家诚信交易。点击图 6–1–70 交易订单的“评价”栏的“评价”，打开评价页面，即可着手评价，如图 6–1–74 所示。

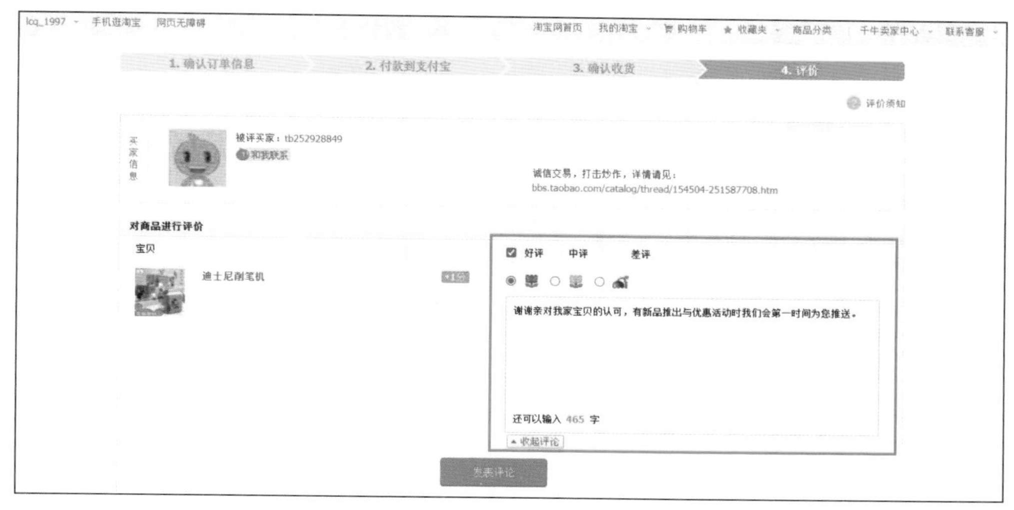

图 6–1–74　交易评价

8. 销售数据分析

（1）店内数据分析

在网上开店的主要目的是盈利，盈利与店铺的营业额挂钩，营业额 = 访客数 × 转化率 × 客单价，如果营业额上不去，必然是因为访客数、转化率或者客单价出现了问题。

打开千牛卖家工作台顶端菜单的“数据 – 生意参谋”，生意参谋提供了店铺数据看板、实时直播、数据作战室、流量分析、交易概况、商品排行、营销和物流等功能板块，如图 6–1–75 所示。

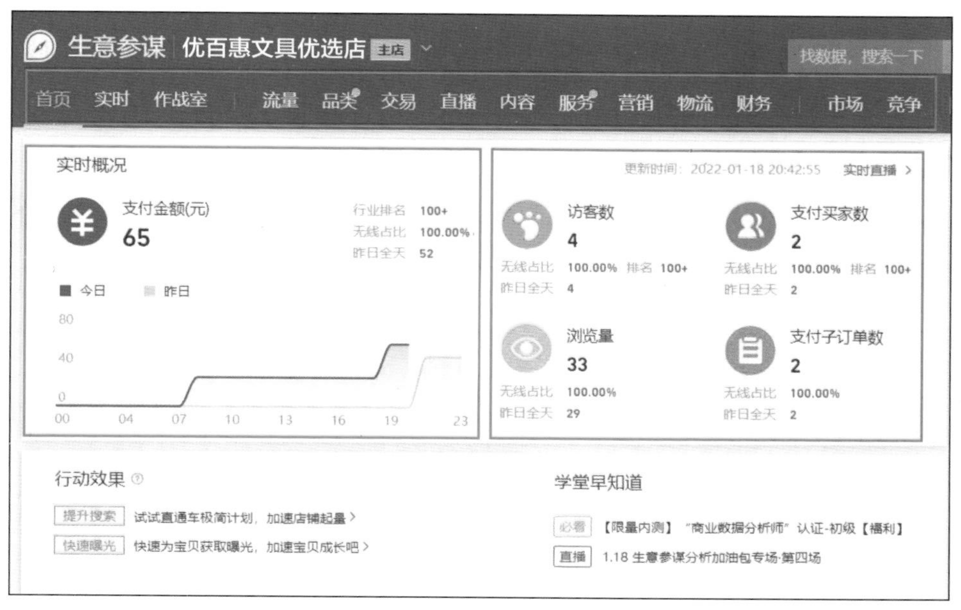

图 6–1–75　生意参谋

单击上部的“流量”选项，卖家通过“流量总览”看板可以查看与分析店铺的流量总览、流量趋势、流量来源排行、访客行为和访客特征等，如图 6–1–76 所示。

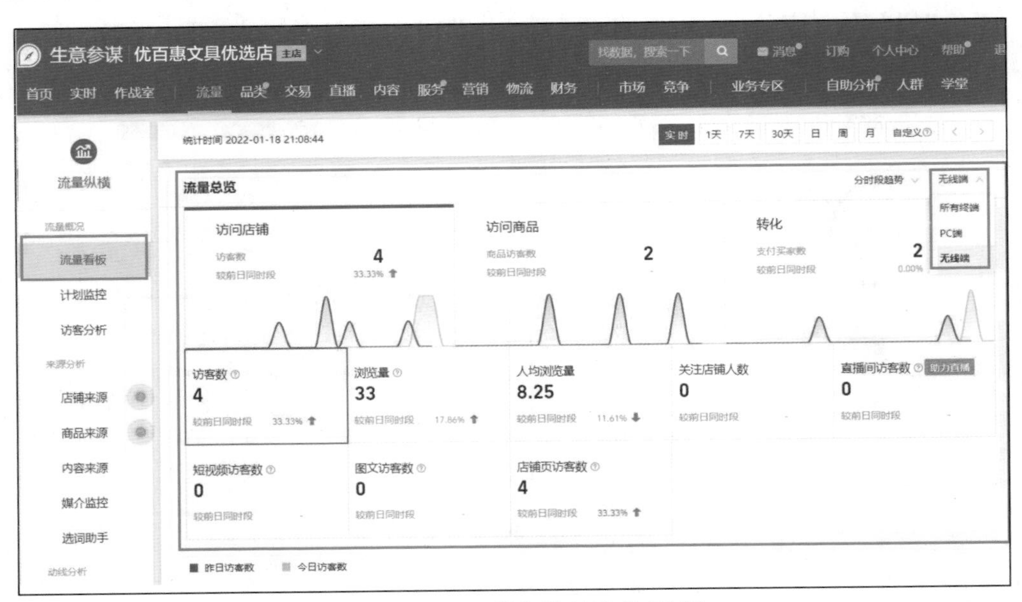

图 6–1–76 “流量总览”看板

在“流量总览”看板上，可以看到实时、最近 1 天、7 天、30 天的数据。看板呈现数据分 3 块：一是店铺访问的数据，二是商品访问的数据，三是转化数据，包括访客数、浏览量、关注量、直播间访客数、短视频访客数、支付买家数、支付转化率客单价等数据；还可以采用全部、PC 端、无线端三种方式来查看这几个指标。通过分析，可以知道这些指标在某个时间段较上个时间段是上升还是下降。卖家通过这些指标的变化来分析店铺的运营状况。

（2）行业数据分析

开设网店进行数据分析，既要分析店内数据，也要对行业数据有所掌握。行业洞察是商家在进入某个行业之前所做的分析和选择，有很多商家在进入某个行业之前没有进行相应的市场分析，导致进入该行业以后很快就退出。因此，要想了解淘宝平台中哪个类目好卖、哪个产品好卖，就需要通过行业洞察来了解整个行业在过去几年的发展趋势，从而为自己的选择提供有效的依据。

项目分享

方案1：各工作团队展示交流项目，谈谈自己的心得体会，并选派代表分享交流。
方案2：由学生代表与指导教师组成项目评审组，各工作团队制作汇报材料并进行答辩。

项目评价

请根据项目完成情况填涂表6-1-10。

表6-1-10 项目评价表

类 别	内 容	评 分
项目质量	1. 各个任务的评价汇总 2. 项目完成质量	☆☆☆
团队协作	1. 团队分工、协作机制及合作效果 2. 协作创新情况	☆☆☆
职业规范	1. 项目管理、实施环境规范 2. 项目实施过程、相关文档的规范	☆☆☆
建议		

注："★☆☆"表示一般，"★★☆"表示良好，"★★★"表示优秀。

项目总结

本专题以行动导向任务驱动为主要形式，基于典型的电商平台，主要内容为：个人网店的策划、网店的开设、网店的装修与美化、网店的运营维护。在个人网店的策划任务中完成店铺主营商品类别的选择、网店的定位、电商平台的选择等；在网店的开设任务中完成个人网店的申请开设及基本设置；在网店的装修与美化任务中根据网店定位进行店铺装修，完成店标、店招、轮播广告的制作；在网店的运营维护任务中介绍了基本的商品拍摄、主辅图与详情页的制作，完成商品的发布，并进行网店的订单处理及销售数据分析。

项目拓展 文创产品个人网店的开设

1. 项目背景

党的十九大报告提出，实施区域协调发展战略，建立更加有效的区域协调发展新机制。某地区政府充分立足于全区交通条件便利、发展空间较大、文旅资源富集、生态本底良好等区情实际，计划提出打造“文旅龙山”，不断实现自身的产业转型升级，并将重点打造“文旅龙山”区域品牌，统筹布局6大产业功能区。其中在龙景片区，集聚发展文化传媒、音乐影视等文创产业，加快建设东郊文化创意集聚区，着力打造“文创之心、创客乐园”。中共中央办公厅、国务院办公厅印发《中国传统工艺振兴计划》等文件，强调了实施传统工艺振兴计划，强化国人文化自信，实现传统文化振兴。某文创产品公司将依托“文旅龙山”的区域背景优势，开设一家文创产品个人网店，传承和保护非遗文化。

小小团队对相关网络市场开展调研，对行业类目竞品也进行了对比分析，对网络市场进行了细分，从消费心理特征方面对客户群体进行画像，并在此基础上对网店进行整体规划，梳理货源渠道，锁定网络细分市场、目标客户群体和店铺主营商品类目，做好开店准备工作。

小提示：龙山文旅项目背景仅作参考，请根据当地实际情况进行实训。

2. 预期目标

1）根据项目背景完成市场调研工作。

2）针对龙山文化旅游特色选好主营的产品。

3）做好目标客户画像工作。

4）确定合适的电商平台进驻。

3. 项目资讯

1）什么是市场调研？

____

____

____

2）主流电商平台的优势和劣势是什么？

____

____

____

4. 项目计划

绘制项目计划思维导图。

5. 项目实施

任务 1：网络市场调研

1）市场调研目标的确定。

2）调研问卷的设计。

3）调研问卷的发布。

任务 2：主营产品的选择

1）对龙山文化旅游产品进行分析。

2）选出合适的文化旅游产品。

任务 3：目标客户群体画像及电商平台的选择

1）根据前期调研结果制作目标客户群体画像。

2）结合目标客户群体画像和主营产品确定合适的电商平台。

6. 项目总结

（1）过程记录

记录项目实施过程中的各种情况，为工作总结提供依据，如表格不够，可自行加页。

序　号	内　容	思考及解决方法
1		
2		
3		

（2）工作总结

从整体工作情况、工作内容、反思与改进等几个方面进行总结。

7. 项目评价

内　容	要　求	评　分	教师评语
项目资讯（10分）	回答清晰准确，紧扣主题，没有明显错误		
项目计划（10分）	计划清楚，图表美观，能根据实际情况进行修改		
项目实施（60分）	实施过程安全规范，能根据项目计划完成项目		
项目总结（10分）	过程记录清晰，工作总结描述清楚		
态度素养（10分）	按时出勤、积极主动、清洁清扫、安全规范		
合计	依据评分项要求评分合计		